U0007396

減法

省時省力省步驟，早晚10分鐘拯救髒亂人生的輕鬆祕訣

打掃術

東和泉 著／黃薇嬪 譯

減法打掃術
省時省力省步驟，早晚10分鐘拯救髒亂人生的輕鬆祕訣

作　　者　東和泉（東いづみ）
譯　　者　黃薇嬪

總 編 輯　張瑩瑩
副總編輯　蔡麗真

責任編輯　楊玲宜
封面設計　比比司設計
美術設計　果實文化設計工作室
行銷企畫　黃煜智、黃怡婷

社　　長　郭重興
發行人兼出版總監　曾大福
出　　版　野人文化股份有限公司
發　　行　遠足文化事業股份有限公司
地址：231新北市新店區民權路108-3號6樓
電話：（02）2218-1417　傳真：（02）8667-1065
電子信箱：service@bookrep.com.tw
網址：www.bookrep.com.tw
郵撥帳號：19504465遠足文化事業股份有限公司
客服專線：0800-221-029
法律顧問　華洋國際專利商標事務所 蘇文生律師
印　　製　凱林彩印股份有限公司
初　　版　2014年12月

有著作權　侵害必究
歡迎團體訂購，另有優惠，請洽業務部（02）2218-1417分機1121、1122

KODOMO TO PET TO SUKKIRI KURASU SOUJIJYTUU HIGASHI-SAN CHI NO IDEA 50 ZENBU MISE
©Izumi HIGASHI 2014
Edited by MEDIA FACTORY.
First published in Japan in 2014 by KADOKAWA CORPORATION.
Chinese（Complex Chinese Character） translation rights reserved by Yeren Publishing House.
Under the license from KADOKAWA CORPORATION, Tokyo.
through AMANN CO., LTD.

國家圖書館出版品預行編目(CIP)資料

減法打掃術：省時省力步驟,早晚10分鐘拯救髒亂人生的輕鬆祕訣 / 東和泉作；黃薇嬪譯. -- 初版. -- 新北市：野人文化出版：遠足文化發行, 2014.12
面；　公分. -- (野人家；135)
ISBN 978-986-384-009-1(平裝)

1.家庭衛生

429.8　　103021106

TIMER
50 ideas of Mrs. Higashi
小蘇打粉：水＝1：1

小孩3人+貓咪4隻。一天下來就會亂成這樣就會髒成這樣

我家有小小孩和貓咪，每天家裡面都會弄得一團亂！

也因為如此，我才會想出利用最少的步驟和工具，隨時讓家中保持乾淨、晶亮的打掃妙招。

越是容易弄亂、弄髒，恢復家裡乾淨整潔時得到的喜悅也越大，相信這一點，你也能夠享受每天打掃的樂趣！

小孩玩耍後的客廳。
才玩了30分鐘就變成這副慘狀。

接下來將介紹我家獨門的打掃方法！

一天的貓毛和灰塵分量。

每天早上吸塵器吸到的灰塵，聚集起來就有將近一顆飯糰的大小。

玩具箱的存在就是為了翻過來。

小孩玩耍路線上出現的玩具小徑。

大玩特玩之後，三兄妹開始一起睡午覺。這就是我家的日常生活。

四隻貓會躲在各個角落，所以家中的貓毛四處飛……。

前言

我熱衷打掃的契機，始於距今五年前使用舊毛巾打掃。

當時我只是將舊床單、衣服剪碎代替抹布，隨手擦拭家具和地板。如此單純的清掃工作持續了一陣子，有天早上我突然停下正在打掃的手，環顧四周。

地板反射晨曦的陽光，令人睜不開眼。偶然抬頭一看才發現，家裡的物品全都閃閃發亮；電腦螢幕就像鏡子一樣倒映房間的模樣。我愣了一下。

我可以清楚感受到整間房子好開心！我的雞皮疙瘩都豎起來了。不知不覺中，髒汙一掃而空的房子，彷彿正綻放出耀眼的笑容。

從那一瞬間起，我開始覺得打掃很痛快。

至於真正過起打掃生活，則是在那天之後，不久兒子出生，隔年雙胞胎女兒出生。我與丈夫剛開始過著兩人生活時，養的兩隻貓也變成了四隻。

生活中多了寶寶與貓咪，我家非但沒有髒亂不堪，反而日益光亮。每天追在小小家人們

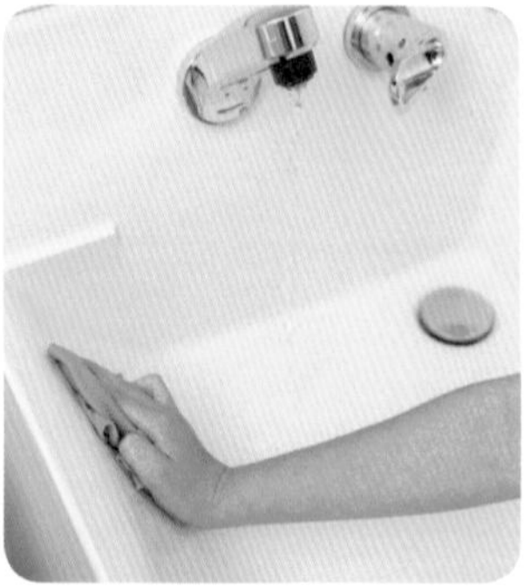

的身後，就連舊有的髒汙也徹底清除了。

在忙亂的育嬰生活中，能夠抽空打掃，對我而言也是重新再振作的珍貴時光。

我開始將自己的打掃與育兒生活寫在部落格上，沒想到居然得到莫大迴響。許多人告訴我，他們看了我樂在打掃的樣子，也開始產生「很想打掃」的想法。同時我也知道有不少人在做家事的過程中，儘管喜歡收拾或收納，卻依舊覺得打掃很棘手。

我認為享受打掃這件事，比任何技巧或工具更能讓屋子亮晶晶。本書的宗旨是希望能夠有更多夥伴就像找到新嗜好一樣，樂於打掃，所以將我自己過去的經驗與點子原封不動地寫進書裡。

第一個步驟是消除「認為打掃是義務」的想法及壓力，同時告訴大家每天需注意的地方。第二步驟是分享我家基本的打掃方式及進階打掃方式。最後一步則是教導大家如何養成習慣，將打掃融入每天的日常生活中。

只要喜歡打掃的人越來越多，這個世界的所有問題也都能夠迎刃而解。光想到這點，我就興奮不已。由衷希望能夠與更多人分享打掃的暢快。

CONTENTS

與小孩、寵物一同清爽過日子的打掃妙招

目錄

STEP 1 提升打掃動機，不再提不起勁的妙招

STEP 2

簡化工具和手法

基礎打掃篇

STEP 3

【進階打掃篇】

將打掃當成娛樂，時間越短越有效率！

STEP 4

養成隨手打掃的小習慣，可常保家中窗明几淨

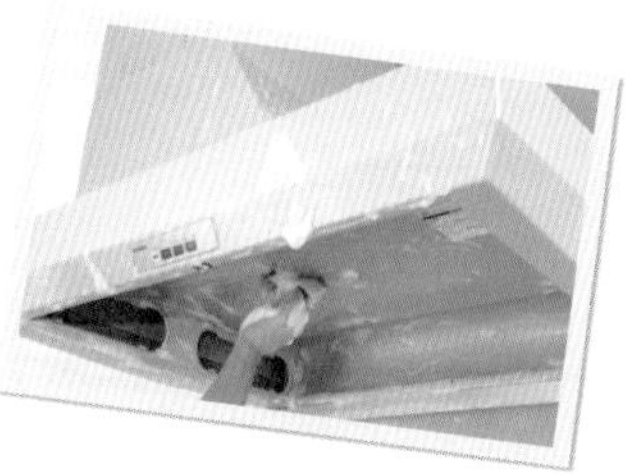

換個想法！讓打掃變輕鬆 1

打掃並不是與汙垢對決！

打掃的用意是引出隱藏在汙垢之後的美，而非與汙垢對決。

注意到這一點之後，我開始對打掃產生了幹勁。

比任何強效清潔劑更能夠讓家裡發亮的東西，我認為是「想像力」。家裡能夠變得多麼耀眼動人，一邊想像屋子變得亮晶晶的模樣，一邊打掃，享受著手動得越勤快越接近理想的樂趣，理想就能實現。

利用自己的雙手讓某個事物變美，原本就有無窮的樂趣。無論任何汙垢都只是隱藏住原本漂亮的模樣罷了。找回原本的光輝，正是打掃的目的。

換個想法！讓打掃變輕鬆 2

還來不及煩惱，已經結束！

「必須打掃了，可是我不想做～」你在煩惱的時間，往往已經可以做完掃除工作了。什麼也別想，先動手再說，這樣就能在沒有感受到不必要壓力的同時做完。事實上，使用吸塵器、雞毛撢子、抹布等，都是相當簡單的動作，你以為很費時，其實不然，只要動一兩下，立刻就會得到乾淨的環境，如此而已。

我們身邊真的有許多事情只要幾分鐘，甚至幾十秒就能夠完成。而且動手時，你反而會變得專心，因而忘記討厭的事物。這段時間就是清除腦中討厭事物的時間。打掃時，總是讓我過得很充實。

換個想法！讓打掃變輕鬆 3

用汙垢清除汙垢！

多虧我家小孩和貓咪，讓我養成了哪裡髒就立刻打掃哪裡的習慣，讓家裡汙垢不累積。追著小小家人的身後清掃，也讓我加快了打掃的速度。

不僅如此，我發現清理吃飯時打翻的食物、畫在牆上的塗鴉，等明顯髒掉之後再清理，反而變得比弄髒之前更乾淨。因為新汙垢也將舊汙垢一併帶走了。自從注意到這一點之後，無論我面對多亂的殘局，總會帶著正面的心情：「看我把這變得比原本更乾淨！」來打掃。

再加上清爽的空氣會在清掃完畢的房間裡停留幾小時，因此掃過的房間即使有點亂我也不會在意。

每天只要
以撫摸的方式擦拭，
家裡就會
持續閃閃發亮！

STEP 1

提升打掃動機，不再提不起勁的妙招

這個步驟將介紹
我家的小習慣，
讓大家從「必須打掃」
變成「我想打掃！」。

首先，讓房子深呼吸

通風就是開始打掃的信號。早上打開窗戶，吸入新鮮空氣，心靈也會倏地開朗起來。同時，房子也會開始深呼吸。

新鮮空氣能夠一掃家中沉積已久的舊空氣與塵埃，因此，準備打開所有窗戶，打造風的通道吧！

打掃有一半要靠空氣幫忙。剩下的一半就靠自己的幹勁。有個簡單的方法能夠喚醒幹勁：一手拿著擰乾的溼毛巾，從開窗前一秒開始擦窗戶。只要將通風習慣與擦窗戶這兩件事視為一整套的活動，自然而然就能啟動幹勁的開關！

POINT 1

打造風的通道，將不流通的空氣與塵埃一掃而空。

POINT 2

一邊擦拭房間的窗戶一邊開窗，能夠提高幹勁與效率！

只打掃重點，就能瞬間乾淨三倍的訣竅

就像穿著和化妝要有重點，家，也存在著能夠看起來乾淨的打掃重點。

例如水槽的水龍頭。只要每次使用完畢後，確實擦去飛濺的水花，即使水槽本身打掃不夠徹底，整體也會看來亮晶晶。

廚房裡，瓦斯爐如果設置在角落，只要將爐台表面、瓦斯爐前側與側面牆壁，這三處清理乾淨，讓這三處相互反射光亮，就能得到三倍的晶亮。

另外，餐桌在家裡占了比較大的面積，因此事先不擺放任何物品，保持淨空，就能讓整個房間顯得更寬敞明亮。

每次使用完畢就要記得擦拭水龍頭。

水槽四周

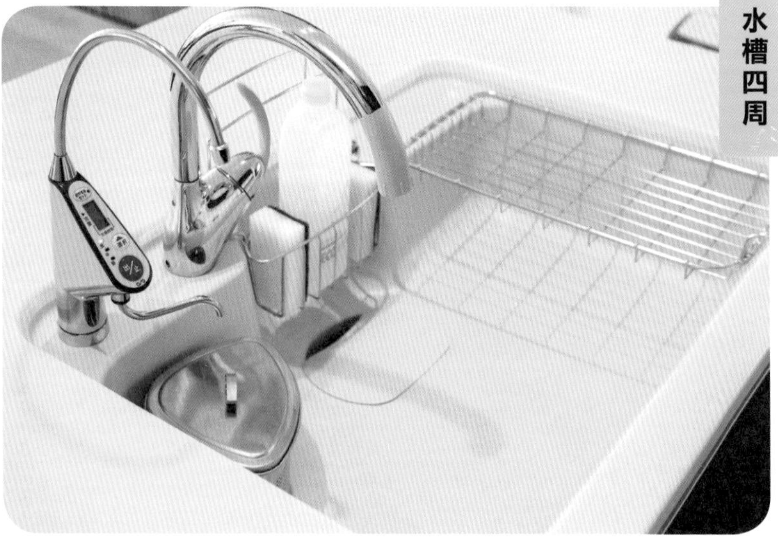

餐桌上

除了吃飯時間，什麼東西也不擺，保持光亮。

瓦斯爐四周

每次用完都要擦拭爐台、正面和側面牆壁。

大型鏡子

清除手垢和髒汙，保持亮晶晶。

玄關地面

白天將鞋子收起來。

貓咪用品四周

放置在通風良好、方便清理的地方，經常保持清潔。

盥洗室地板

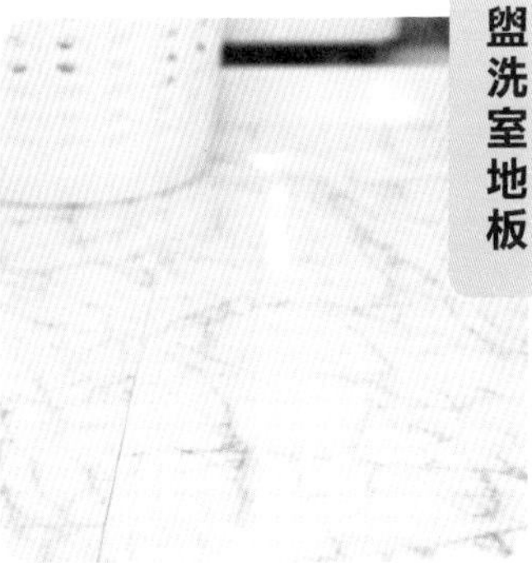

簡單擦去頭髮和塵埃。

從最亂的地方開始，就能順水推舟打掃完

如果事後再處理……
根本打掃不完。

照顧小孩的過程中，如何確保打掃時間是很重要的問題。小孩若是仍處於經常午睡的幼兒期，可在每次餵奶的空檔打掃；而簡單的打掃項目也可一邊背著小孩一邊進行。擔心吸塵器吵到小孩的話，可用除塵拖把或地板滾輪清理；亦可將清洗麻煩的抹布換成沾溼的舊衣服或廚房紙巾。

2歲以上的幼兒期孩子，早上一起床就會滿屋子跑，把玩具打翻，整個人投入玩樂，因此這段時期要逆向操作。先將玩耍空間（以我家來講是客廳）打掃完畢。之後讓孩子們自由的盡情玩耍，我就趁著這段期間去打掃其他的房間。

事先清理完畢的話……
其他地方也能夠順利掃完。

等玩耍空間（客廳）清乾淨後
來，去玩吧！
哇！
哇！
趁機去打掃其他地方

早上的例行打掃

時間	內容
3分鐘	洗臉後打開洗衣機，清掃洗手台
10分鐘	在孩子起床之前掃客廳
5分鐘	趁孩子在吃早餐時掃和室
5分鐘	趁著孩子在玩耍時掃廚房
20分鐘	趁著等洗衣服的時間，打掃廁所↓房間↓玄關
3分鐘	洗好衣服後，打掃盥洗室地板

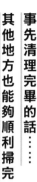

「收拾」和「打掃」是兩回事

打掃之前想要先從收拾開始的話，無論忙多久都無法開始打掃，於是覺得一邊照顧小孩一邊打掃的生活非常痛苦。因此，收拾不能與打掃當成同一件事，必須與生活中的行動融合在一起，即使浪費時間也不會造成心靈上的壓力。

與打掃不同，收拾不使用工具。一邊照顧小孩或進行其他家事，一邊在房間裡走動，趁此機會同時使用兩隻手，東西自然而然就會被收好。收納的訣竅中，經常提到一招是「打造一個『暫放』空間」，結果事後還是得一併收拾。所以最快的方法還是直接收好，別留下家庭作業。

收拾的5大重點

\ Point /
1 嚴禁「暫時擺著」

必須刻意禁止自己把東西「拿出來」之後，到「放回去」之前，先「暫時擺著」，把「打掃」和「收拾」分開，才能夠順利！這樣東西就不會散亂了。

\ Point /
2 學會雙手並用

用左手打開餐具櫃門時，同時用右手將餐具收起來。右手拿著折好的衣服，一邊收進衣櫃的抽屜裡，同時用左手打開接下來要拉開的抽屜。經常雙手同時活動，就能更快、更有效率的結束工作。

\ Point /

3 在家中移動時雙手別閒著

從這個房間走到另一個房間時，可用來撿垃圾。要洗臉就順便把脫在寢室裡的睡衣拿到盥洗室去。在家裡移動時，別空著雙手。

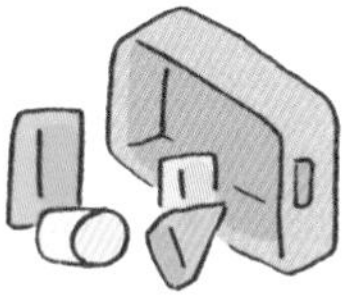

\ Point /

4 讓每件物品都有自己的位置

決定好所有物品的位置，是收拾時必須先做到的一點。從物品進入玄關這瞬間，收拾已經開始。剩下的就是一邊生活一邊收拾，避免出現物品走失或被棄置的東西。

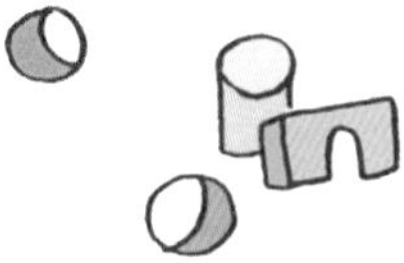

\ Point /

5 不勉強斷捨離

與其過分強調要或不要，堅持要丟東西，不如一邊打掃或整理，對物品充滿愛意，一邊想著要打造出清爽舒適的生活環境。因為，只要物品的使用期限延長，並且對物品有愛，就不會想要增加新的東西了。

當作睡前的重新整理，對明天充滿期待

等到養成打掃習慣，就會漸漸不再有「反正每天都會做，今天休息一天」的想法。早上一起來，如果不從打掃開始，反而會覺得這一整天都不太對勁，感覺就像你覺得「能夠養成習慣每天早上出門慢跑的人很厲害」一樣。

為了讓早上在沒有任何打擾的狀況下快速打掃完畢，前一天晚上、睡前必須完成收拾工作，這件事情一旦養成習慣，即使再累，也會

因為沒有收拾而無法安心。（雖說有時也會因為真的累過頭，直接倒在棉被上就睡著！）

要收拾的東西，只有小孩一整天玩下來的玩具而已（其他物品早已在一整天的活動中，陸續收拾完畢）。收拾完一圈之後，在你感到「今天的事情已經做完了～」而鬆一口氣的同時，也會開始期待隔天的打掃。尤其是星期日晚上，確實擺好沙發的抱枕、餐桌的方向，能夠讓接下來一整個禮拜有個神清氣爽的開始。

無論家裡有多亂，只要每天反覆收拾，專注力和速度都會漸漸提升。將客廳恢復原狀所需的平均時間只要7分鐘。

After

清爽乾淨！

打造與孩子、寵物清爽生活的空間

「散亂的物品只有玩具」

小朋友的物品全部擺在客廳，手能夠搆到的高度只放玩具

我家小孩還很小，現在還沒有兒童房，因此我將孩子的用品全部集中在家庭生活重心的客廳裡，手能夠搆得到的高度範圍內只收納玩具，利用這種方式一邊照顧小孩，一邊打掃或收拾，也能夠順利進行其他家事。另外，收納的項目不細分，方便隨意收拾。

玩具與日用品的收納

上層

收納嬰兒澡盆、嬰兒座椅、嬰兒床等，今後預定要轉讓其他人、現在沒有在使用的大型兒童用品。

中層

收納小孩的衣服、紙尿布、毛巾等。不玩的玩具、尺寸不合的童裝也分出來，趁著朋友帶寶寶來玩時，讓他們將用得上的物品帶回去。

下層

孩子可以自由進出的場所。收納內容大致分為：交通工具、樂器等大型玩具，以及迷你車、扮家家酒專用的小玩具。

隨意收納更方便收拾！

玩具的收納

閘門

為了安全起見，避免小朋友跑進廚房或樓梯，因此必須裝設閘門。

圖畫書

書籍的擺法只要能夠清楚看到書背即可，仔細按照順序排反而不會有人注意。

布偶

讓每一隻布娃娃的臉露出來，孩子也較容易挑選。

積木

積木需用容器分門別類收納，與其他小玩具分開，方便孩子玩耍。

可避免
惡作劇

不能讓小朋友拿去惡作劇的電視周邊機器及DVD，可利用上下開闔式、有門的電視櫃解決。這種款式與前開式或抽屜式的不同，孩子很難打開。

STEP 2

基礎打掃篇

簡化工具和手法

在這個階段將使用最少的工具，
以最少的步驟，
讓家中變得閃閃發亮。
本章將傳授我家基本的打掃方法。

工具越少，打掃越順手！

基本必備的三大打掃工具

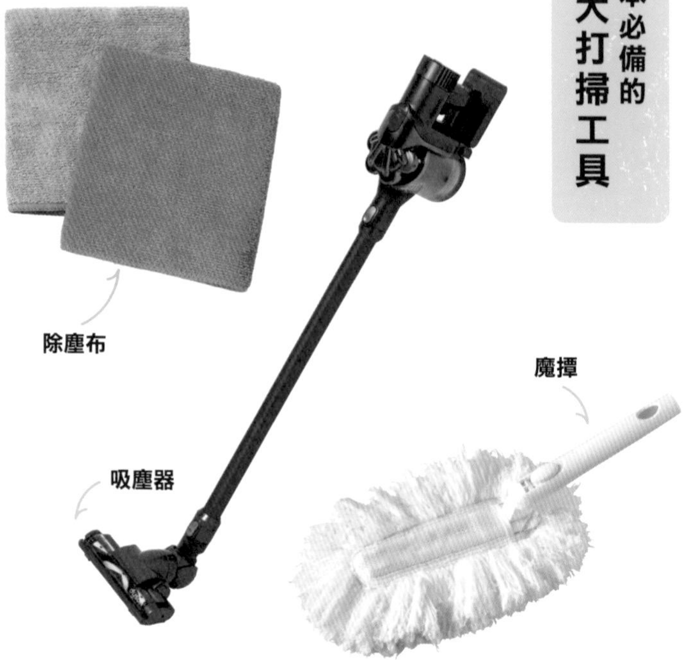

方便的打掃工具多如繁星，但是種類一多，打掃反而變得複雜。一般只需要準備三種基本工具：除塵布（抹布）、魔撢、吸塵器，就能夠輕鬆又快速地把家裡變乾淨。

抹布可選用和從前一樣的簡單樣式，不過若選擇材質大進化的微纖維除塵布則更加無敵。小孩子掉落的食物或手垢，只要沾水擦拭即可，完全不留痕跡。

魔撢也使用微纖維材質，能夠避免貓毛飛舞，只要快速擦過去就很乾淨。使用可清洗的類型更經濟，也不會增加垃圾。

我最愛用的吸塵器是充電式的無線手持型。改用這種類型，就可以毫無壓力地在家中移動，來回清掃。

三大輔助工具

全部來自百元商店！

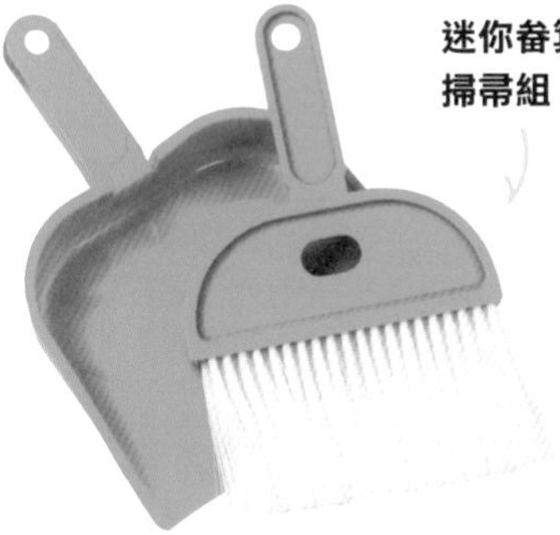

迷你畚箕&掃帚組

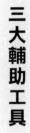

除塵拖把

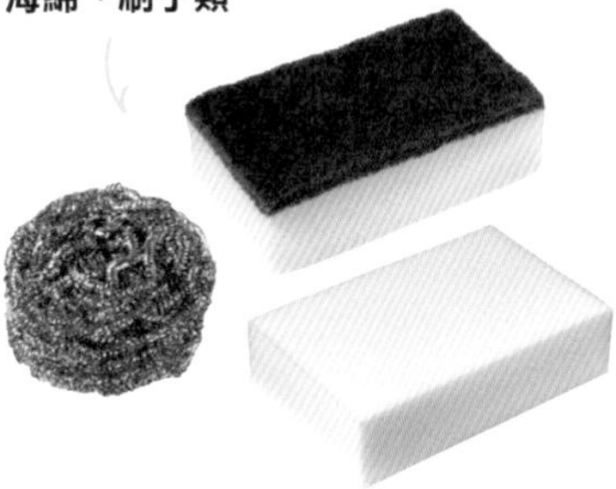

海綿、刷子類

為了讓打掃更輕鬆，可善用百元商店找到的三種輔助工具。

除塵拖把可代替拖把用來溼擦地板，或是裝上除塵紙代替掃帚，清掃甜點殘渣或紙屑，亦可用來撈出躲在家具底下的小玩具。

迷你畚箕&掃帚組可用來清理除塵拖把收集在一起的垃圾，也是清掃貓砂盆附近散落貓砂不可或缺的工具。海綿、刷子類則用來清潔除塵布無法清除的汙垢。

將淘汰的日常用品變成打掃工具！

擦拭整個家的廢布（舊衣物）

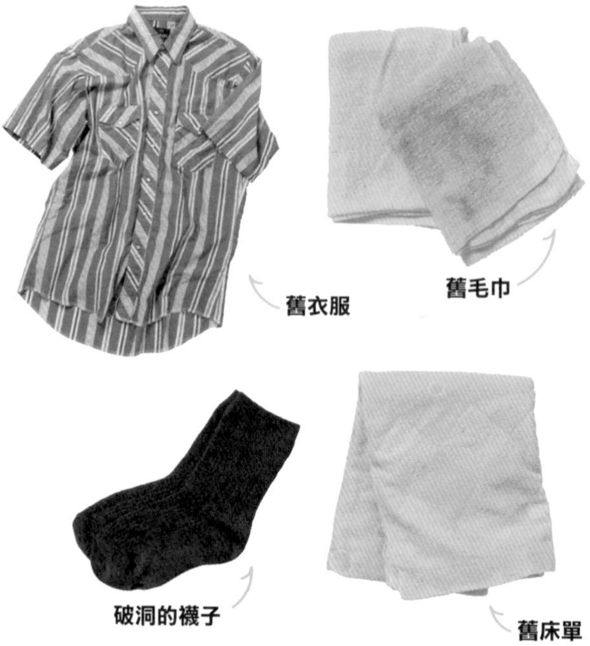

不增加打掃工具，取而代之的是利用舊毛巾、舊衣物等；要丟掉之前可先剪成小塊當作廢布使用。棉質衣物是最好用的廢布，滑溜的人造纖維等材質，可用於清除鍋子、平底鍋的汙垢；針織則適合用來清除紗窗的灰塵。諸如此類的舊衣物可配合材質用於不同地方。

牙刷、廚房海綿每個月要換新一次，舊的則可用來清理抽油煙機、排水口等，進行二次利用。能夠使用的東西就徹底用到最後，也是打掃的重點。

丟掉之前
充分用於打掃

廚房紙巾、溼紙巾與廢布同樣可利用於擦拭。基於小朋友常會隨手塞東西到口中等衛生考量，若直接用溼紙巾來擦拭就很方便。棉花棒、竹籤等日常用品、淘汰的集點卡等，可用於清掃縫隙。丟掉東西之前想想：「這個能夠用在打掃上嗎？」尋找好點子，也是打掃的樂趣之一。

廚房海綿

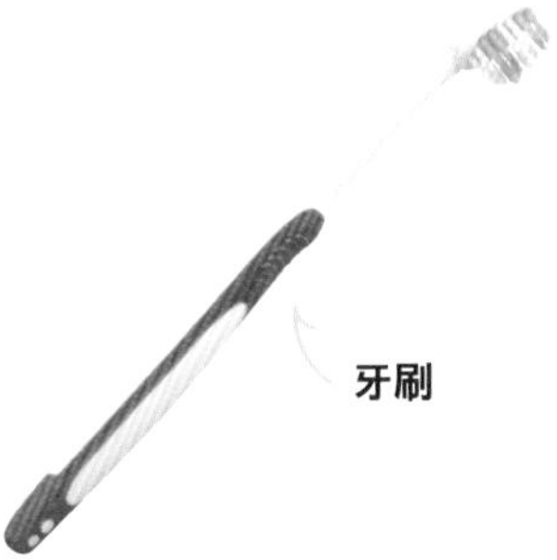
牙刷

這些東西也可派上用場

廚房紙巾

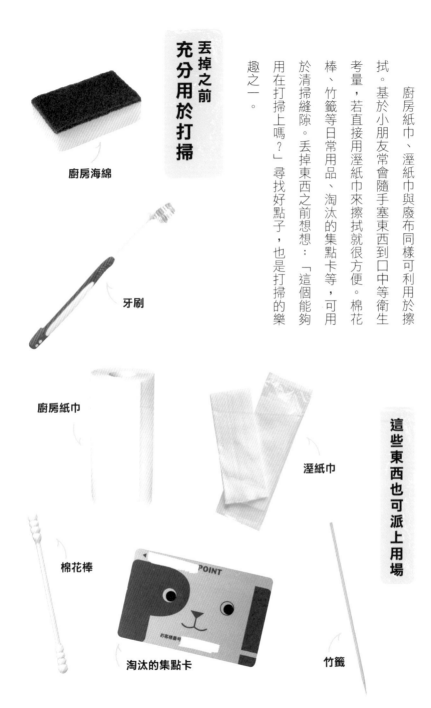

溼紙巾

棉花棒

淘汰的集點卡

竹籤

不同功能的六色除塵布，就能讓環境亮晶晶！

家具用

擦拭台子用

地板用

浴室用

乾擦用

玻璃用

為了讓每天的例行打掃更有效率，擦拭使用的除塵布必須根據顏色和材質，配合不同的打掃對象準備六個種類。一天六塊除塵布一共準備三組（十八塊），每天反覆清洗。清洗過的除塵布要與毛巾、手帕擺在同一個抽屜裡。這個收納位置或許會讓你感到驚訝，但只要有經常漂白、洗滌、換新，除塵布也是乾淨的，用不著擔心。

除塵布的管理方式

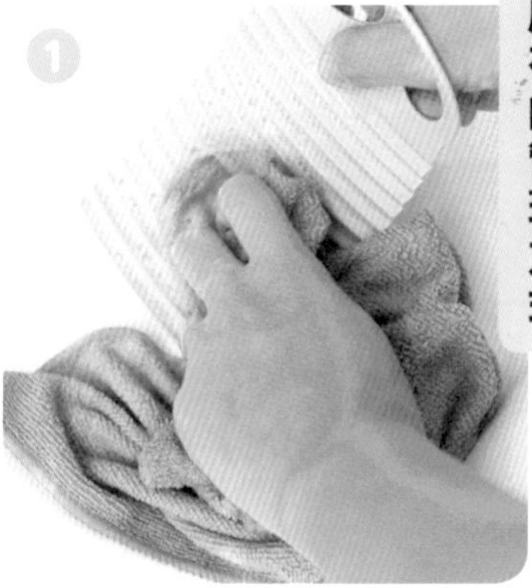

用完的除塵布使用清潔劑和迷你洗衣板手洗。

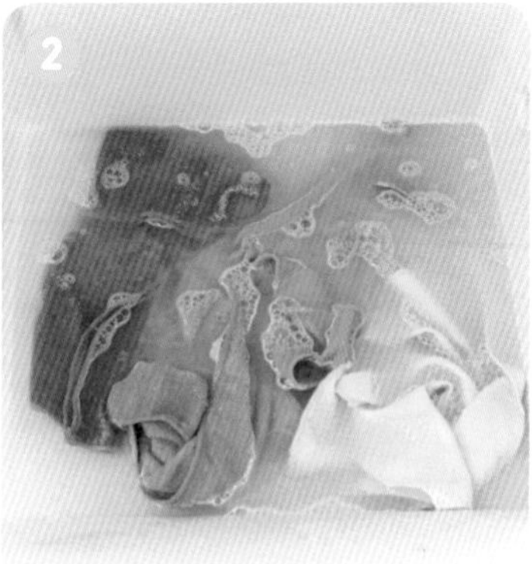

將手洗完成的除塵布，浸泡在加了含氧漂白劑的熱水裡。（這天使用的除塵布可在晚上泡完澡之後，用剩下的熱洗澡水浸泡一夜）。

浸泡過的除塵布放入洗衣機，用快速排程清洗＆脫水，擰乾。衣物柔軟精會破壞除塵布的吸水性，因此不可使用。

清洗完畢後，除塵布折疊成六份，用直立的方式收納在抽屜裡。

擦拭台子用、地板用、家具用，這三塊除塵布為了預防不時之需，總是掛在廚房的抹布架上。

打掃工具要收在「常用的地方」

除塵布之外的打掃工具應放在該工具最常使用的場所，或是開始使用的場所，想要使用時就可以立刻取出，要收起來也不傷腦筋。對於容易弄髒的我家來說，如何能夠輕鬆打掃、簡單收拾，才是影響收納的關鍵。

吸塵器擺在打掃動線起點

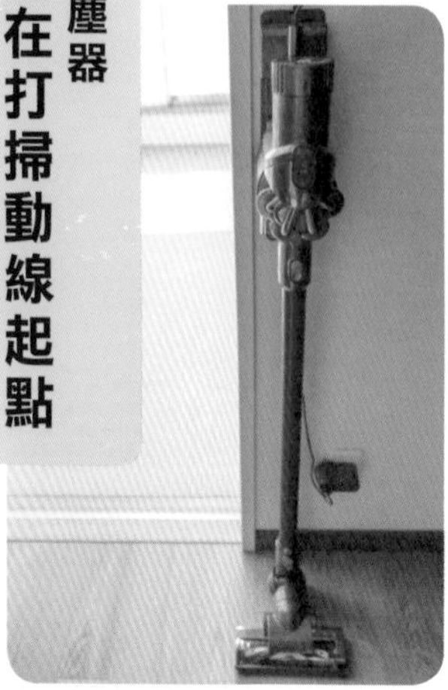

無線吸塵器可擺在家中最角落，掛在牆上有插座的置物間裡。從角落吸到玄關盡頭為止是基本路線，不過有時也會從孩子們玩耍的客廳開始匆匆忙忙吸地。

清潔劑要擺在廚房

小蘇打粉、天然鹼清潔粉（注：一種鹼性去汙粉）、檸檬酸、漂白劑，以及裝入噴瓶裡的鹼性清潔水、檸檬酸水、抗菌清潔劑等，擺在最常使用的廚房水槽下方。

專用物品擺在各自的定點

廁所

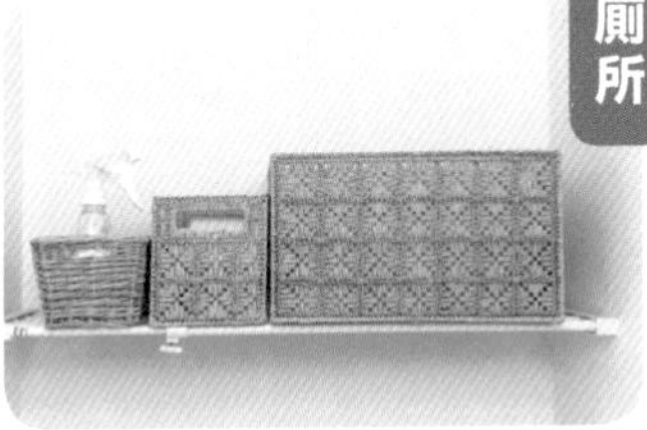

連同籃子一起收納，不但方便清掃，看起來也清爽。

工具經過嚴格挑選，取出方便！

浴室

刮水器、除塵布、浴缸專用清潔劑掛在毛巾桿上，方便入浴時、入浴後順手清掃環境。

經常使用的物品要藏在經常進出的場所中

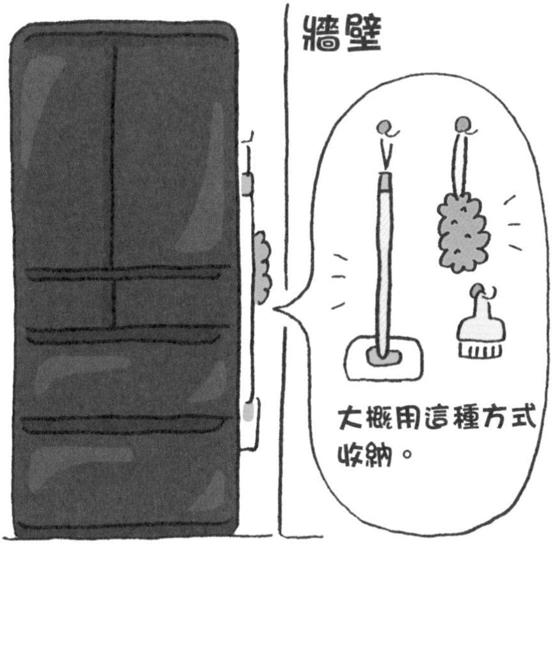

偶爾需要用到的除塵拖把、迷你畚箕＆掃帚組、魔撢，可藏在冰箱與牆壁之間的縫隙裡。在取出方便的位置上，加裝磁性掛勾掛著這些工具。

為了小孩與寵物著想，打掃只用最環保的清水，不怕過敏和中毒！

POINT ①

節省用水

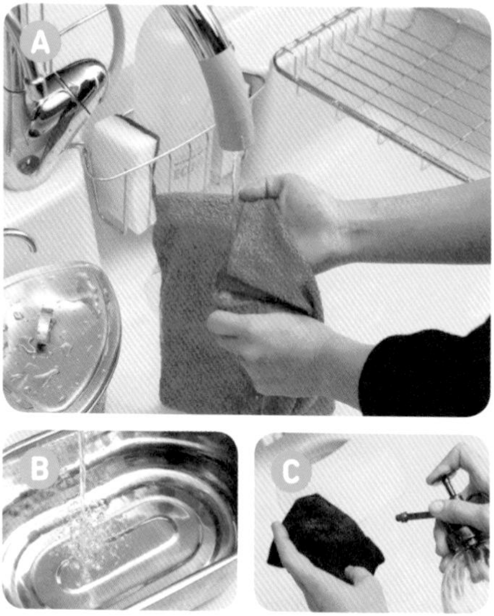

Ⓐ使用流動的水清洗時，用細細的自來水輕輕打溼。
Ⓑ基本上使用水桶裡裝的水。
Ⓒ想要打溼廢布時，可用噴瓶。

只靠有限的工具與少量的清水，把環境打掃得一塵不染，我憧憬這種禪寺和尚採用的極天然清掃法。雖然很難全盤做到，不過我用心省水，為了小小的家人們著想，就連清潔劑也選擇最溫和的產品，並且只使用一點點。

基本上只用清水打掃時，如果有清不掉的汙垢，再加上植物性洗碗精。對付頑強油垢時，則使用不含合成界面活性劑的小蘇打粉或天然鹼清潔粉；對付水垢用醋或成分相似的檸檬酸。對付黴菌及其他細菌，則用含氧漂白劑及抗菌噴霧最有效。

廚房用、廁所用、窗戶玻璃用、浴缸清潔劑到洗碗機專用清潔劑，各式各樣的清潔劑市面上都能夠買到，但是，只要有下頁列出的六種，就足夠對付家中大部分的汙垢了。

POINT 2
選擇溫和的清潔劑
家家必備的六種清潔劑

植物性洗碗精

鬆動並清除光用水無法洗淨的汙垢。建議使用不傷手部肌膚、也不汙染環境的植物提煉產品。

天然鹼清潔粉

具有比小蘇打粉更強的鹼性，可輕鬆去除黏答答的油汙。易溶於水，抽油煙機的扇葉或瓦斯爐爐架，只要放入天然鹼清潔的水裡浸泡，馬上就能乾淨溜溜，是廚房的好幫手。

含氧漂白劑

與含氯漂白劑不同，無須擔心與其他洗衣精混合後會產生有毒氣體。可用於殺菌、除臭、有色衣物的漂白、去黴、清洗浴缸加熱器及洗衣槽等，用途廣泛。

（注：酸性與鹼性清潔劑、含氯與含氨的清潔劑混合，會產生毒氣）

小蘇打粉

這是吃進嘴裡也無害的弱鹼性清潔劑。可用來中和餐具、廚具的油汙，以及玩具的皮脂汙垢等酸性髒汙，輕鬆達到去汙效果。

檸檬酸

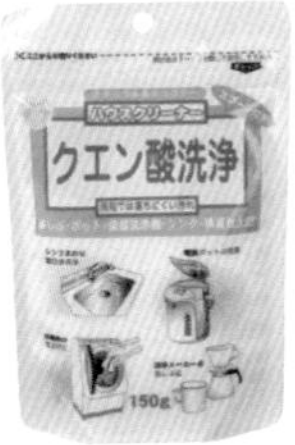

加水稀釋後，沾溼除塵布用來擦拭，能夠把浴室、廚房清潔得亮晶晶。檸檬酸沒有醋的刺鼻氣味，所以無須考慮使用場合。

抗菌噴霧

主要用於擦拭冰箱、擦去寵物造成的汙垢等。如果選擇與餐具清潔劑同樣以植物成分製造的產品會更加安心。

搞定打掃流程和順序

——讓身體自然記住就不會偷懶

打掃的基本流程就是從高到低。在打掃地板之前，先清潔窗戶和家具。從房間入口開始，手勢是由上而下移動，同時順時鐘（右轉）方向繞圈，就能夠快速完成。以我家客廳為例，我會從位在北側的廚房出入口開始（1～3）→接著是東側窗戶（4、5）→南側窗戶（6）→西側電視四周（7～11），這是例行的清潔路線。

就像跳舞或運動一樣，只要讓身體記住打掃動作，自然會變成不可或缺的日常習慣，而你也不會想偷懶。

從出入口開始！

往右前進，
同時由上而下♪

窗戶的打掃順序是：
窗簾軌道→
窗戶→窗框。

餐桌在用餐完畢
之後擦乾淨；
沙發用吸塵器
順手清理。

1分鐘！雙手並用，隨手擦掉貓毛、灰塵、手垢！

家具專用
除塵布
玻璃專用
除塵布
魔撢
BACK

從上到下順時鐘方向擦拭，就能一次擦去貓毛、灰塵、手垢等。我的雙手各拿著兩種清潔除塵布，臀部的口袋裡插著一支魔撢，分別使用這三種工具將房間清理過一遍。

拿著除塵布或魔撢的手由上而下、如果是有深度的地方則由內而外清理。比方說，假設是電視四周，首先擦拭內側的灰塵，接著是電視螢幕，最後是電視櫃。這一連串的流程只需要不到1分鐘。假如有10分鐘的話，就能夠讓整個房間亮晶晶。接著按照下一頁圖示的三階段步驟進行擦拭，清潔效果會更加倍！

打掃電視周圍的步驟

① **電視背面**
用魔撢清除灰塵

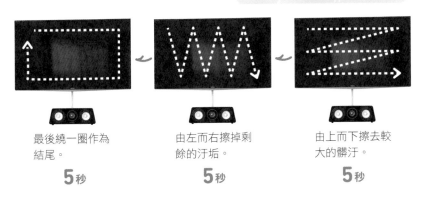

③ **電視櫃**
用除塵布連同上面掉下來的髒汙也一併清除

15秒3階段擦拭清潔法

由上而下擦去較大的髒汙。

5秒

由左而右擦掉剩餘的汙垢。

5秒

最後繞一圈作為結尾。

5秒

髒到極點的地方，使用準備淘汰的廢布，用完即丟！

廢布的快速利用技巧

用噴瓶的水，則無須使用水龍頭的水就能夠打溼廢布。也可利用稀釋的清潔劑或抗菌噴霧代替清水。

作者家裡的日常生活

小孩吃飯時打翻味噌湯，或是在地上塗鴉，或是貓咪不定時吐毛球，這些都是在我家很常見的生活景象。每次要弄溼、扭乾除塵布，擦拭完畢後又要一一清洗，不僅太費事也費時，這種時候就輪到廢布上場了。

事先將廢布剪成手巾大小保存起來，要使用時，用噴瓶噴溼，就和擰過的溼抹布一樣了。擦掉汙垢後，可直接當成可燃性垃圾丟掉，一勞永逸。

為了能夠隨手清潔，廢布和噴瓶應該固定擺在廚房裡隨手可取用的地方。清潔廚房瓦斯爐的汙垢時，廢布也總是能夠派上用場。

噴瓶簡單擺在廚房流理台「看得到的地方」。廢布保存則可收納在瓦斯爐底下的抽屜。煮完使用油的料理之後，就輪到廢布登場了。

使用吸塵器速度要放慢，不留痕跡地滑過整個房間

與四隻貓咪一同生活的我家，一天至少必須使用一次吸塵器。事先用除塵拖把拖過之後再使用吸塵器，就能將除塵拖把沒有清理乾淨的貓毛一網打盡。

自從使用無線吸塵器之後，在室內移動變得更方便，因為電池的使用時間只有20分鐘，因此讓我思考出最短路徑，更有效率地清掃整個家裡。

吸塵器的吸頭必須前後慢慢移動，這樣一來，更能夠有效地吸起所有垃圾。

使用吸塵器的最短路徑

配合家具位置，
從房間出入口開始，
不經過重複的地方，
彷彿在塗抹果醬般以鋸齒方式前進。
儘管走的是最短路徑，
最重要的是仍要記得仔細吸塵，
別焦急。

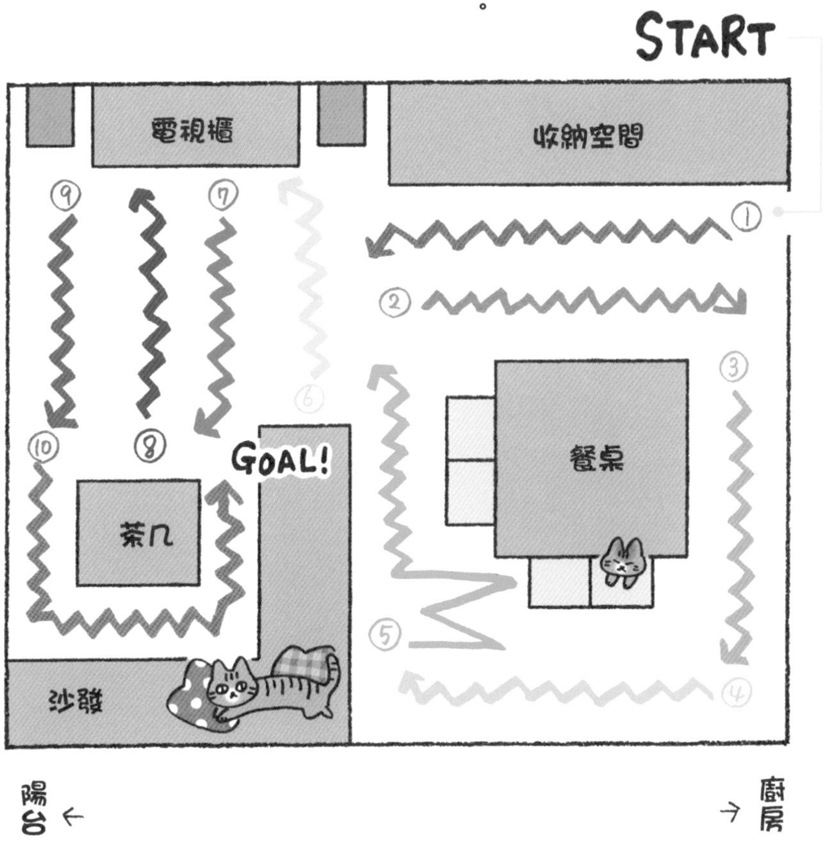

擦地板要一步步往後退，並保持心情愉悅

吸塵器吸完之後，或者是家裡特別髒的話，則必須在使用吸塵器之前溼擦地板，家裡就會變得乾淨清爽，使人神清氣爽。尤其是夏天，通常會光著雙腳在家裡走動，地板的清潔度更顯重要。

用除塵拖把裝上沾溼的除塵布擦拭很簡單，但是有空時，直接跪在地上用抹布擦地，因為視線貼近地面，更能夠徹底仔細的清潔。此時邊擦拭邊往後退，才不會弄溼膝蓋，看到眼前的乾淨面積逐漸擴大，也會讓人心情更加愉快。

擦拭走廊後，整體感覺清爽暢快！

一邊往後退一邊擦拭走廊，
能夠看見眼前的地板漸漸變得閃閃發光。
尤其是在夏天早晨進行時，心情更暢快！

1
從玄關開始。
手往左右移動，
同時身體往後退。

2
半路上經過房門底下或
牆壁下方的飾板，
也可順手擦拭。

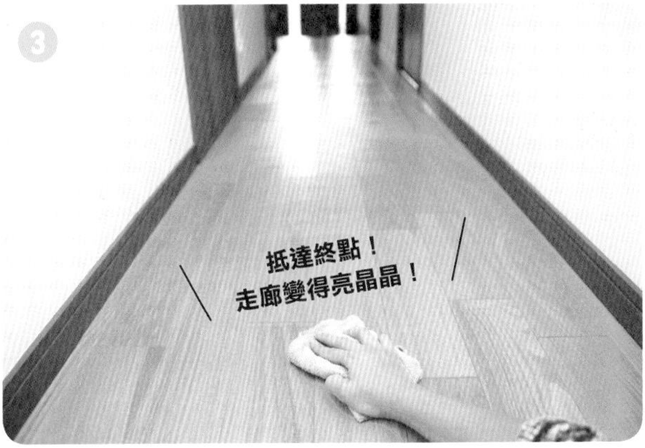
3
抵達終點！
走廊變得亮晶晶！

超感動！溼＋乾雙重擦拭的效果就像打過蠟一般

準備這些

溼擦用的除塵布＋乾擦用的除塵布

溼擦去汙之後，再用乾擦收尾，擦過的地方就會變得超乎想像的光亮，滑溜的感覺也會讓人心情愉快。雙重擦拭最能帶來顯著效果的地方，就是容易弄髒的廚房地板，只要清潔乾淨，一到了夏天就能不需要拖鞋，光著腳舒適的走來走去。另外，表面光滑的家電用品經過乾擦收尾之後，能夠像鏡子一樣反光，讓房間看來加倍明亮。

一到夏天想要光著腳生活時，為了讓腳底踩起來乾爽舒服，容易弄髒變得黏答答的廚房地板，應該每天進行一次雙重擦拭，保持乾爽。

冰箱門就像鏡子一樣能夠反射

溼擦去汙

首先用擰乾的溼除塵布，徹底擦掉灰塵、手垢、食品汙垢。

乾擦變亮

用柔軟的乾除塵布，像在擦鏡子一樣仔細擦去表面剩餘的水分。身為廚房重心的冰箱門，如果閃閃發光，原本狹窄的空間也會一下子變得明亮，並有放大的錯覺。

衛浴、廚房設備的水垢，噴三兩下就能光亮無比

準備這個

檸檬酸

造成衛浴、廚房設備霧白的水垢，使用加入少量檸檬酸的水來清理，就能夠輕鬆清除乾淨。檸檬酸水具有揮發性，因此基本上不需要雙重擦拭。

檸檬酸多半在藥局或特力屋等地方，與小蘇打粉擺在一起販售，相當實用，可用於清潔洗衣機、洗碗機等，用途廣泛。買不到檸檬酸時，也可使用加水稀釋的食用醋代替。

Check

可用在各種地方！自製檸檬酸水

製作檸檬酸水裝入噴瓶裡，能夠保存一到兩個月。做法是500毫升的水加入1～2小匙的檸檬酸粉末，充分搖晃噴瓶，使之溶解即可。濃度可自由調整，不過金屬製品若是長時間接觸較濃的檸檬酸水，恐怕會變色，最好避免使用。

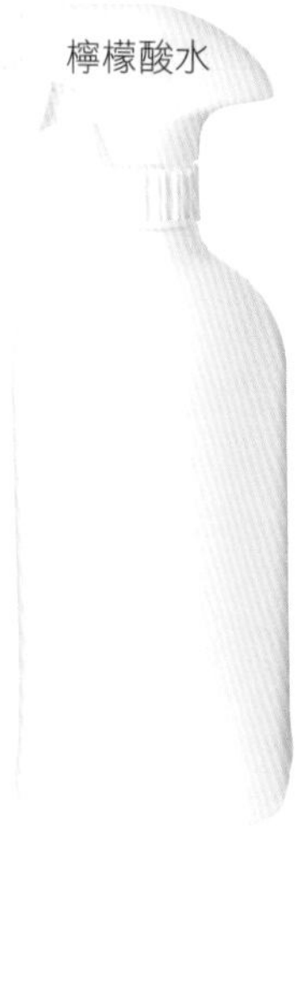

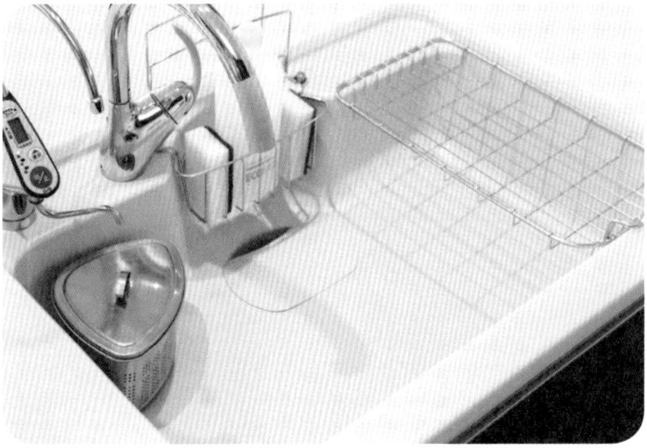

廚房水槽的清潔

用檸檬酸水噴過整個水槽，再以海綿刷洗。刷不掉的汙垢可敷上以檸檬酸水沾溼的廚房紙巾，靜置一段時間。

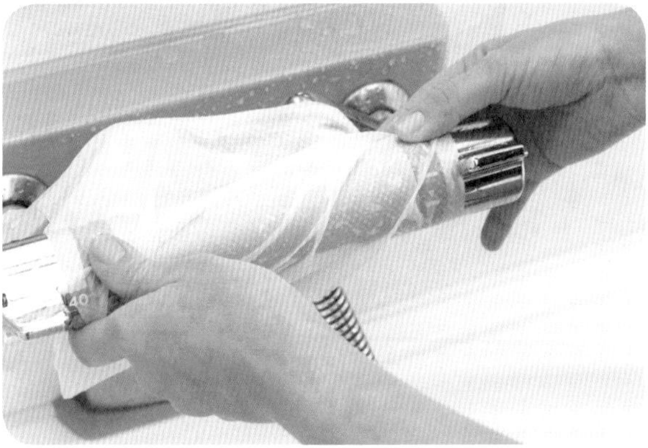

浴室蓮蓬頭開關的四周

裹上檸檬酸水沾溼的廚房紙巾，靜置約一個小時之後，再以蓮蓬頭沖洗乾淨。

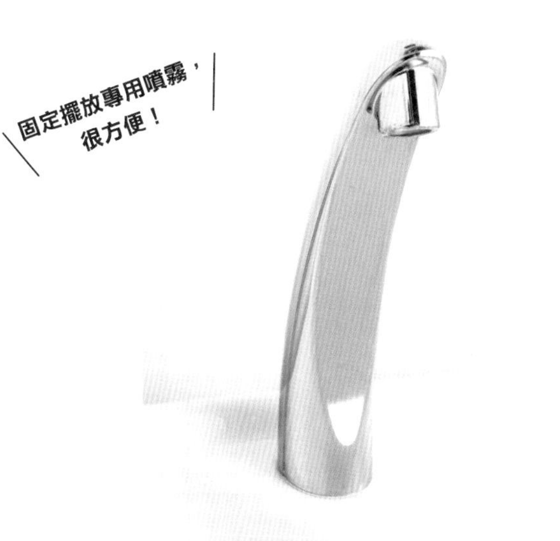

廁所的洗手台

經常在廁所放置專用的檸檬酸噴霧，就能使用於洗手台、馬桶的清潔，十分方便。用噴霧沾溼廢布之後擦拭清理。

黏答答的油汙變得清爽乾淨

準備這些

檸檬酸 + 天然鹼清潔水

天然鹼清潔水（鹼性去汙劑）不含汙染水源的合成界面活性劑，成為近來頗受矚目的天然清潔劑。其成分與小蘇打粉類似，不過鹼性比小蘇打粉強，能夠輕鬆去除黏答答的油汙，在我家是不可或缺的清潔聖品，用於烹飪廚具的事先清洗、或抽油煙機扇葉、瓦斯爐爐架的浸泡清洗等。

Check

對付油汙！自製天然鹼清潔水！

天然鹼清潔粉以可溶於水，製成噴霧後保存。參考用量是500毫升的水加上1～2小匙的天然鹼清潔粉。噴上天然鹼清潔水之後，如果沒有徹底擦拭乾淨，會留下白白的痕跡，因此最後要以檸檬酸噴霧擦拭收尾。將這兩種噴霧當作一組，經常擺在廚房裡備用，十分方便。

黏答答的瓦斯爐爐口也變得亮晶晶！

利用天然鹼清潔水與檸檬酸雙重擦拭後，瓦斯爐的髒汙也被清除，變得乾淨如新。

拿下爐架，用天然鹼清潔水整個噴過一遍。

↓

分解油汙！

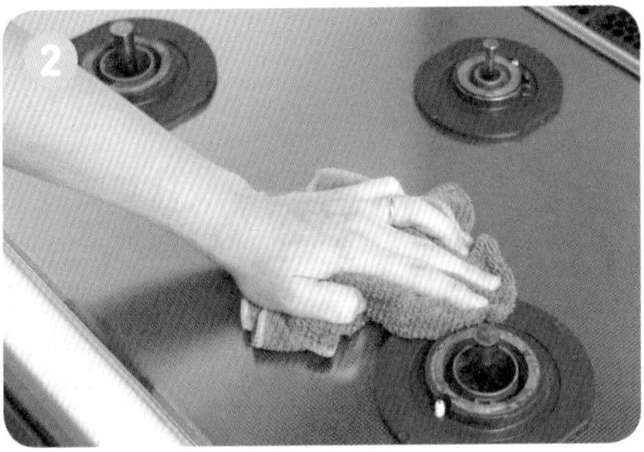

用除塵布徹底溼擦已經鬆動的油汙。

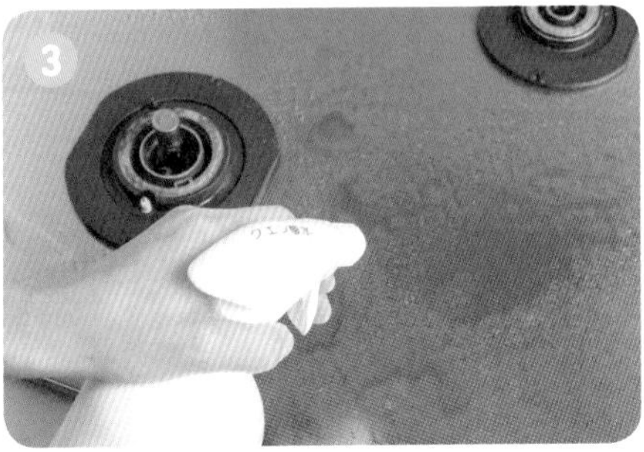

再噴過檸檬酸水。

↓

分解殘留的天然鹼清潔水成分！

再以除塵布徹底溼擦一次，就完成了。

用小蘇打粉對付難聞氣味

準備這個

小蘇打粉

小蘇打粉是大名鼎鼎的萬用清潔劑。經常廣泛用於洗潔精、研磨劑等，安全無虞，而且除臭效果強，因此最適合用於打掃廚房等需要除臭的場合。

下一頁的廚房水槽排水口、角落的三角廚餘盒等地方，亦可使用洗碗精清洗，垃圾桶也可利用含氧漂白劑浸泡除臭抗菌，不過只靠小蘇打粉＋水，也可以簡單消除惡臭。

小蘇打粉的各種使用方式

加入等量的水做成泥狀，可代替去汙劑。

小蘇打粉：水＝1：1

直接撒在鍋子等的油汙上，中和之後，更容易清除。

小蘇打粉直接裝入容器裡，可當作冰箱或鞋櫃的除臭劑。

加水或熱水稀釋之後，代替液體清潔劑使用。

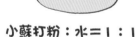

對廚房異味感到頭痛時，就交給小蘇打粉吧！

煮完咖哩的鍋子、烤過魚的烤爐等

使用清潔劑清洗之前，先用廢布大略去除汙垢，再撒上小蘇打粉，用熱水＋海綿刷洗。

廚房水槽的排水口&三角廚餘盒

裡頭的垃圾丟掉後，撒上小蘇打粉，用牙刷或海綿刷洗完畢，淋上熱水。

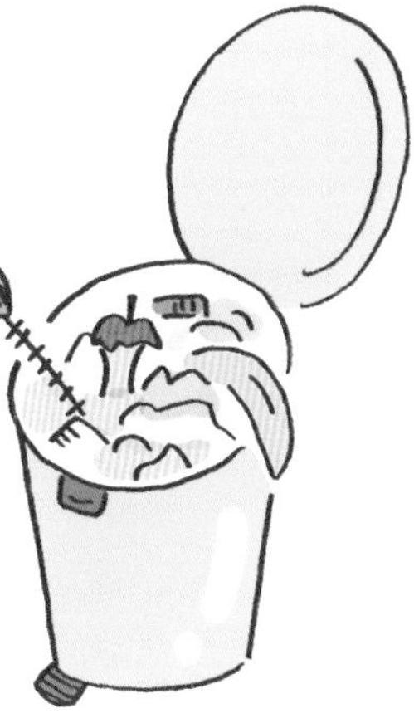

垃圾清除之後的垃圾桶

廢布滴上小蘇打水後擰乾、擦拭整個垃圾桶，再以清水徹底溼擦後晾乾。

玩具及寵物用品也用最安全、安心的小蘇打粉清理

準備這些

小蘇打粉＋廢布（兩塊）

小蘇打粉的優點是放入嘴裡也不會有危險，因此可安心使用於清理玩具或寵物用品。

使用小蘇打粉和廢布打掃時，就算貓咪跑過來湊熱鬧，或是小孩子在旁邊玩耍，也能夠輕鬆清理。參考以下做法，只要一想到打掃，就順手準備工具吧！

一想到打掃就順手準備 沾小蘇打水&收尾清潔用的廢布

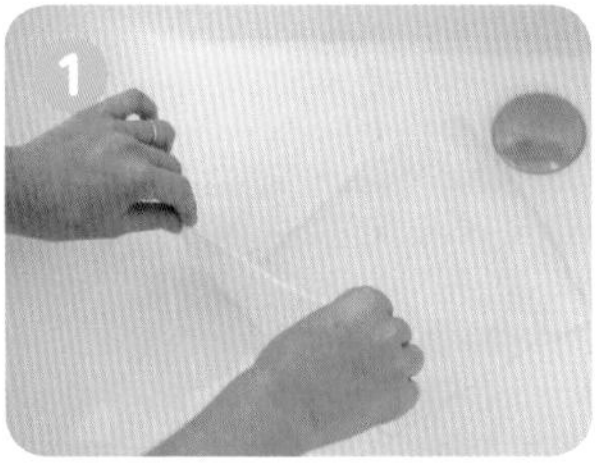

廢布浸泡在少量熱水裡。

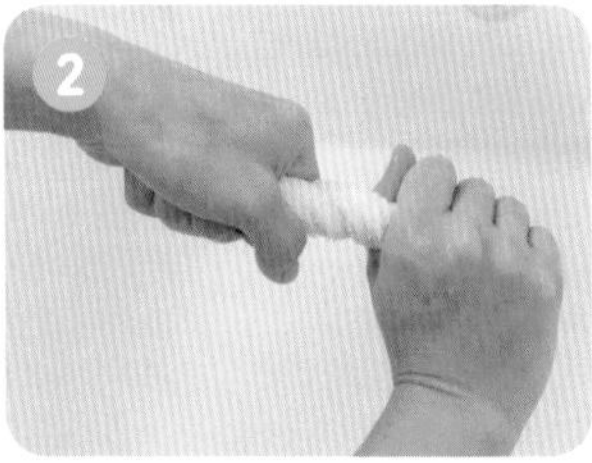

將1號廢布擰乾（當作收尾清潔用）。

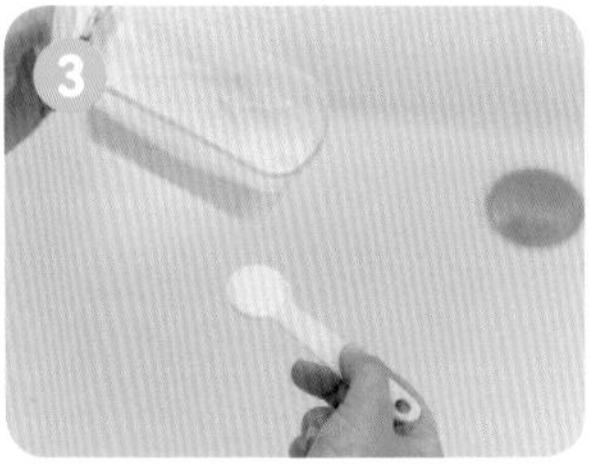

放入小蘇打粉和廢布。

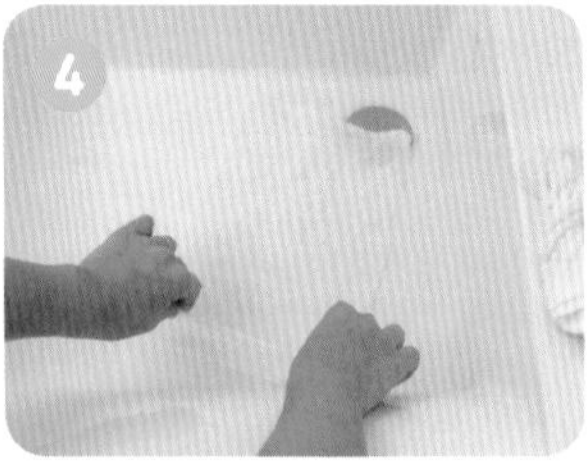

將2號廢布擰乾（當作去汙用）。

適用於擦拭這些物品

無法整個拿去清洗
的木製玩具

大型交通工具玩具

貓抓板

貓砂盆的上蓋

只要一塊除塵布！一口氣擦乾淨孩子掉落的食物

準備這個

清掃用除塵布（地板用、擦拭檯子）

早餐、午餐、點心、晚餐，餐桌四周一天共有四次機會，會在小孩吃過飯之後變得髒兮兮。每天，我親自試驗了各種方法，看看如何更有效率的將到處掉落的食物清理乾淨，最後研究出以一塊除塵布一口氣擦乾淨的完美技巧。

每次平均花上3分鐘時間，就能夠讓餐桌四周恢復乾淨。就算碗盤不小心打翻也不用緊張。

除塵布的折疊方式

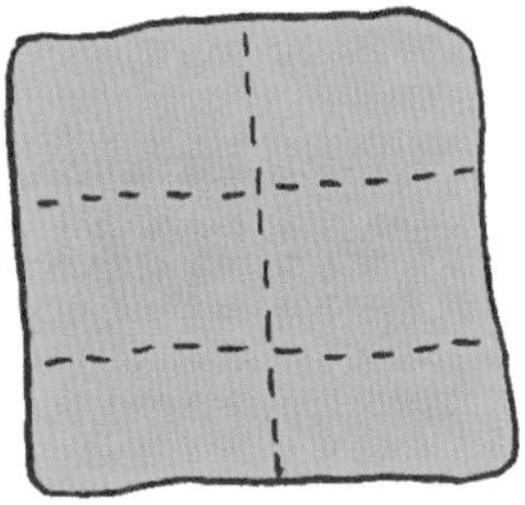

除塵布先縱向對折成一半

↓

再橫向折成三等份

一氣呵成！將掉落的食物一次擦起的小技巧

關鍵在於除塵布要折成六份。

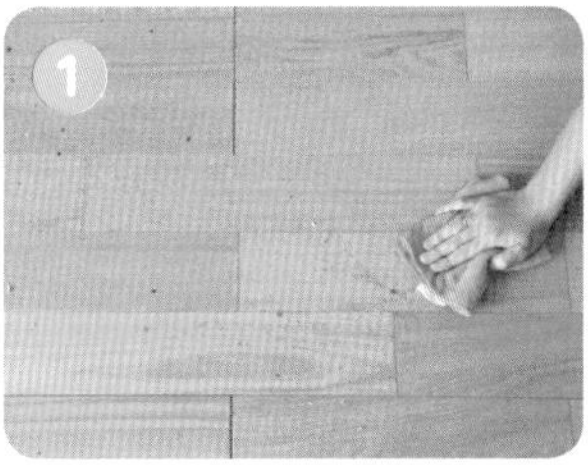

用除塵布一邊擦拭一邊聚攏掉落的食物。

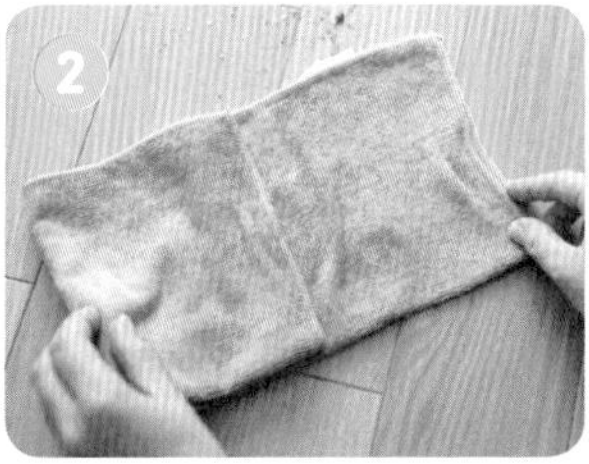

聚集到某個程度之後，攤開最上面那一等份。

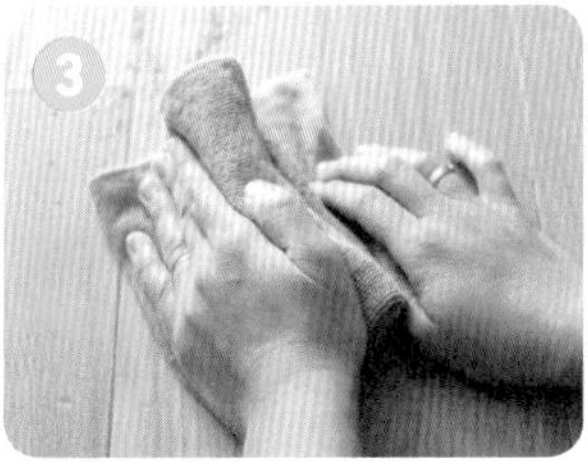

用攤開的那一面，夾住聚集起來的掉落食物，包進布裡。

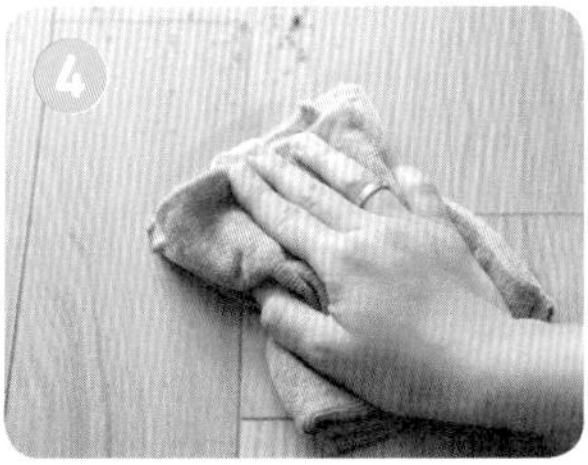

再用乾淨那一面擦拭地板，繼續收集殘渣。

攤開上面夾著食物那一面往下翻折。

同時包起再度收集到的食物殘渣。

露出最後剩下的乾淨那面，重複同樣動作。

到此為止，一塊除塵布已經擦了三次地板；通常這樣一趟只要3分鐘，地板就會清潔溜溜。

隨手塗鴉一點也不可怕，順著線條就能清掉！

基本做法：只要確實順著塗鴉線條就能夠清掉！

小朋友最喜歡畫畫了。他們常常想要畫東西，所以可以盡早為孩子們準備筆記本和彩色鉛筆。不過除了筆記本之外，每天在家裡各個角落也會出現色彩繽紛的藝術作品。也多虧如此，我尤其擅長清理塗鴉。

首先將能夠用水擦掉的地方清理乾淨；彩色鉛筆、油蠟筆、原子筆的話，手指稍微用力，以除塵布順著線條擦拭，大致上就能清理乾淨。假如這樣還是擦不掉的話，則可採用對付汙垢的清理妙招。

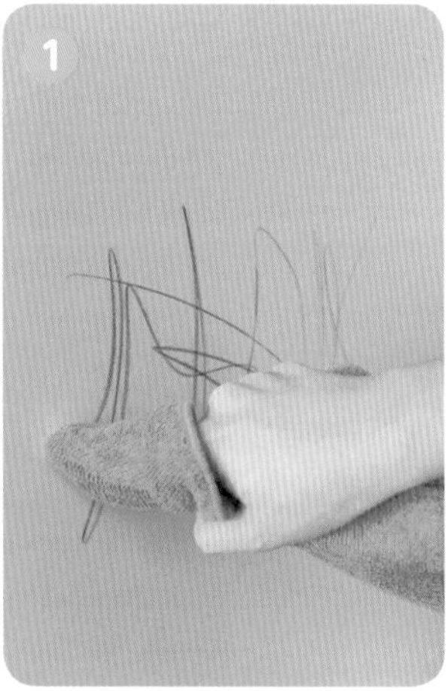

彩色鉛筆、原子筆等的塗鴉……

手指用力，用除塵布順著塗鴉線條擦拭。

CASE 1

溼擦無法擦掉的話

用水沾溼魔術海綿輕輕搓擦。但如果是表面塗料容易損傷的家具或地板，則不可使用。

CASE 2

表面不平整的話

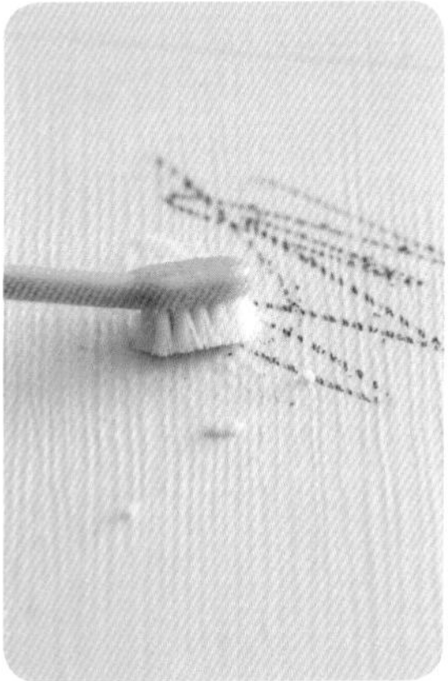

用牙刷沾上小蘇打泥仔細刷洗之後，再以廢布擦拭乾淨。

CASE 3

摩擦容易造成損傷的話

用除塵布沾稀釋過的洗碗精擦拭。

CASE 4

對付油性奇異筆

棉花棒沾橄欖油塗抹之後，以牙刷沾小蘇打泥刷洗，再用廢布擦拭乾淨。

5秒剝除標籤貼紙

持續過著打掃生活，漸漸地會開始想要清除汙垢之外的東西。比方說，貼在收納容器外面的商品貼紙、貼在家電側面的產品標示貼紙等。這些東西每次用除塵布擦拭時總會卡住，視覺上也不美觀，於是便開始想要剝除它們。這也是一段有趣的挑戰。過程中，我也曾經失敗，不過每次只要能夠將標籤漂亮地撕下來，就會產生無與倫比的成就感。現在我再也不怕小孩到處亂貼貼紙了。

後來因為家裡的貼紙通通撕光了，這次我便把腦筋動到調味料罐、葡萄酒瓶上。撕除標籤貼紙也能讓資源回收的瓶罐更乾淨，因此每次拿空瓶子去回收時，總是讓人感到很開心。

基本做法：利用吹風機的熱風一次搞定！

一邊小心別燙傷，一邊用吹風機的熱風融化標籤的黏著劑。

從邊緣開始一點一點慢慢掀起。

吹風機以外的方法

CASE 1 整個弄溼

在熱水裡浸泡一陣子後撕下。這是最普遍的做法。

CASE 2 只把表面弄溼

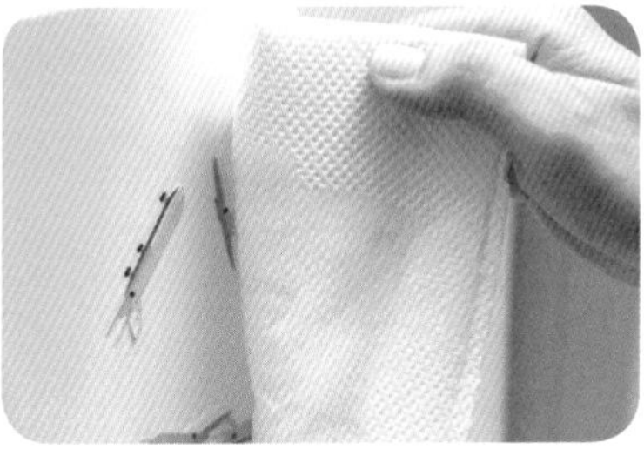

廚房紙巾抹上洗碗精之後蓋上，靜置一會兒後撕下。

CASE 3 想要盡快撕下時

表面蓋上廚房紙巾，噴上檸檬酸水，等到溶液滲透整張標籤後撕下。

CASE 4 殘留標籤痕跡時

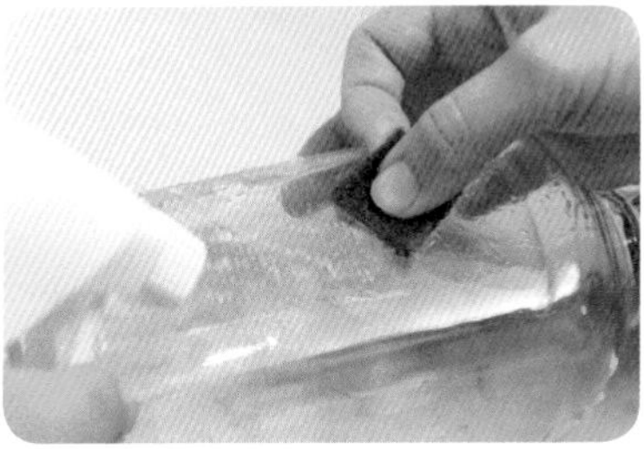

假如使用CASE 3的方法留下痕跡的話，再噴上天然鹼清潔水，用海綿擦拭乾淨。

對付頑強汙垢及異味的剋星——含氧漂白劑

小孩出生之後，我開始遠離原本大量使用的含氯漂白劑，改用含氧漂白劑。無須擔心與其他清潔劑混合後會產生有毒氣體，如果只是短時間使用少量的話，也不需要特地戴上橡膠手套，再加上不必擔心漂白有色衣物或花樣衣物，因此可用來清潔被食物殘渣滲透的小朋友衣物，也可用來浸泡清洗滿是泥土的小朋友鞋子。而且含氧漂白劑的殺菌力、除臭效果都很強，亦可用來對付浴室黴菌、清洗浴缸加熱器及洗衣槽，也就不用再另外準備專用的清潔劑。建議大家可以一次購買大容量的漂白粉，分裝成小包，分成浴室專用、洗衣機專用、廚房專用等。

分裝成小包後，固定擺在各使用場所

清洗整個貓砂盆

清洗整個貓砂盆時，使用含氧漂白劑的話，能夠徹底清除緊緊附著在上面的汙垢及難聞的氣味。

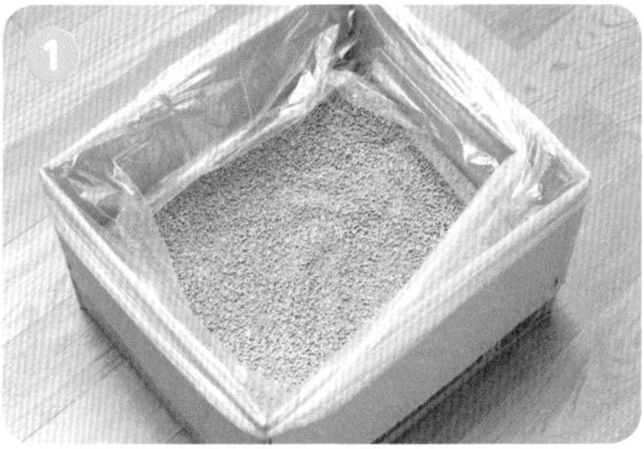

紙箱套上塑膠袋，放入貓砂盆的舊貓砂，當作臨時廁所。（舊貓砂之後可直接包起丟掉）。

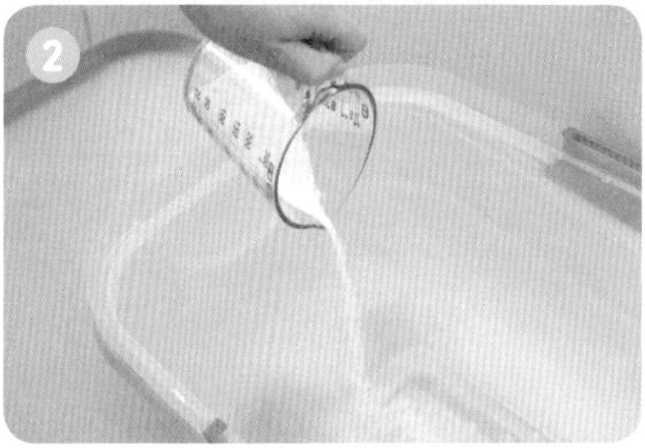

將貓砂盆放在浴室地板上，上蓋和盆子疊在一起裝滿熱水，加入一杯含氧漂白粉，浸泡約一個小時。

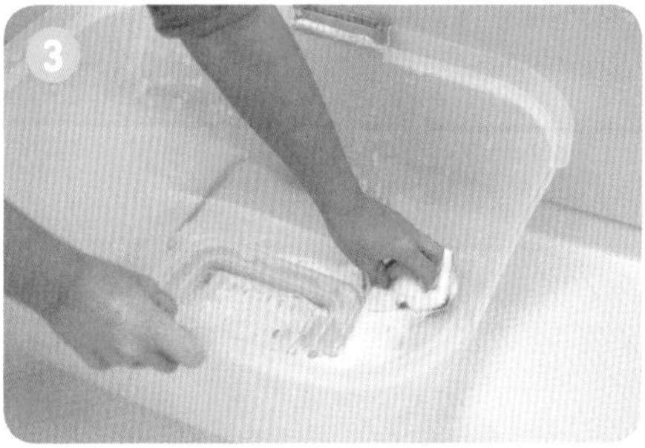

倒掉漂白水，用浴室專用清潔劑與舊的廚房海綿刷洗。

用蓮蓬頭的熱水仔細沖洗乾淨後，拿廢布擦乾水分，即可倒入新的貓砂。

就算有孩子、寵物都不擔心的無障礙空間

「藏起危險物品」

不能讓小孩拿到的物品就收到高處

客廳也不能只擺玩具，因此文件、藥品、文具、數位產品等，不可以讓小孩拿到的東西，就收到小孩子搆不到的高處。另外，因為貓咪們會爬高、亂鑽，所以「雙重收納」也是基本原則。將物品裝進抽屜或箱子，再放入櫃子裡，就不怕貓咪會亂翻保久食品或貓食庫存了。

利用高度解決！

客廳角落的重要物品專區

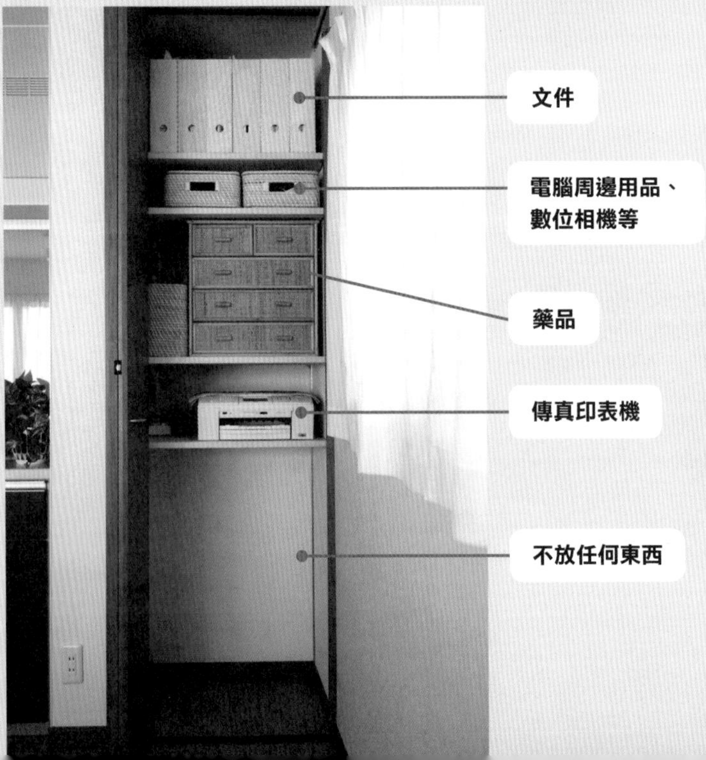

文件
電腦周邊用品、數位相機等
藥品
傳真印表機
不放任何東西

利用雙重收納對付貓咪

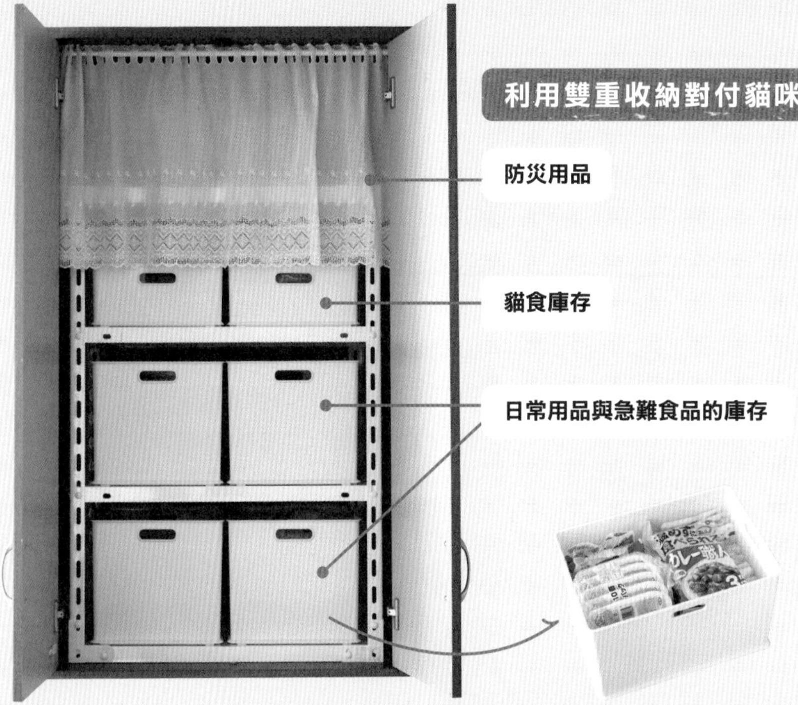
防災用品
貓食庫存
日常用品與急難食品的庫存

有蓋垃圾桶只要一個

45公升的
全家共用
垃圾桶

垃圾桶別在家裡各處擺放，以免打翻。只要準備一個有蓋的大垃圾桶擺在廚房裡就好。減少垃圾桶的數量，在家裡到處走動時，自然會養成隨手撿垃圾的習慣；也無須在倒垃圾的日子，辛苦走遍全家將家裡各處的垃圾桶垃圾收集成一包。

藏起電線

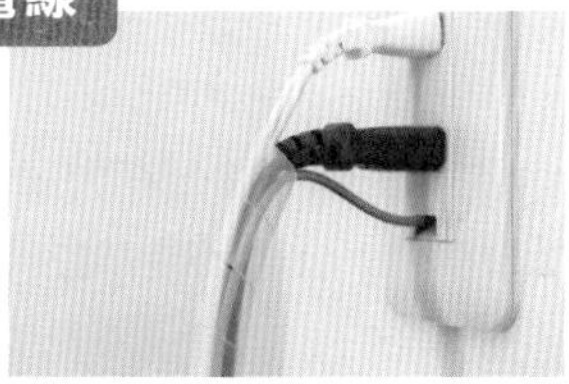

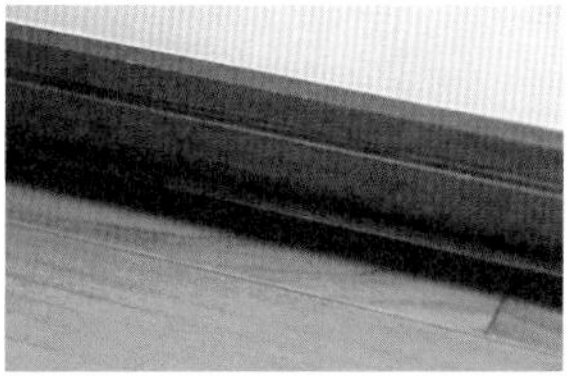

家電電線如果裸露在外，就會容易被貓咬爛或小孩拉扯，所以建議去特力屋或百元商店等地方購買壓線條藏電線。這樣整理看起來也更清爽美觀！

STEP 3

進階打掃篇

將打掃當成娛樂，時間越短越有效率！

第三個步驟是打掃的進階篇，
就是將平常很少使用的區域
也變得窗明几淨。
這不會太難。
像打電動闖關一樣樂在打掃，
就是我家不變的做法。

限制打掃時間能夠提升效率！

利用一點空閒時間進行重點打掃，能夠達到多完美呢？設定廚房定時器限制打掃時間，將打掃變成一場小遊戲吧！目的不是為了盡早做完，而是能夠乾淨到什麼程度，也是提升打掃專注力的訓練。

每次使用的工具只有一個，任何一個地方最多在5分鐘之內就要打掃完畢。就算只有10秒鐘認真，結果也會完全不同！

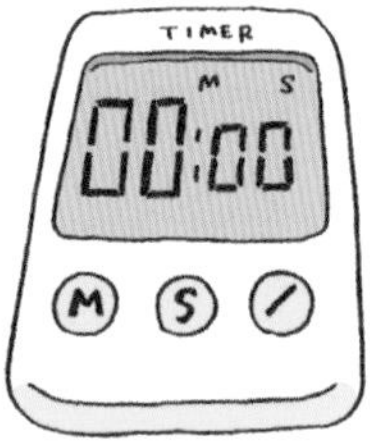

廚房定時器

3分鐘 擦椅子

擦掉累積的薄薄一層灰塵，就會變得亮晶晶。

START

03:00

1分鐘 清理裝飾櫃

除了櫃子之外，也要順手擦拭裝飾品。

\ START /

01:00

10秒鐘 清理空調表面的灰塵

將目標鎖定「只掃表面」的話，即使是不易清理的地方，也能夠看起來很乾淨。

\ START /

00:10

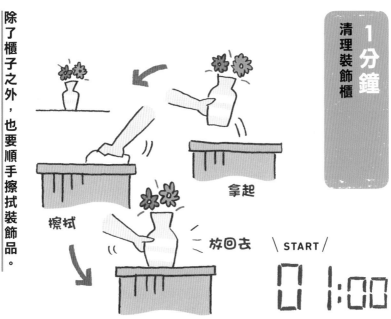

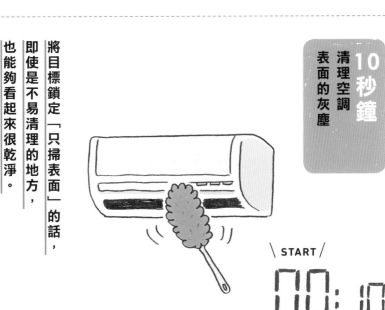

必學！除塵布的十二面極致使用法！

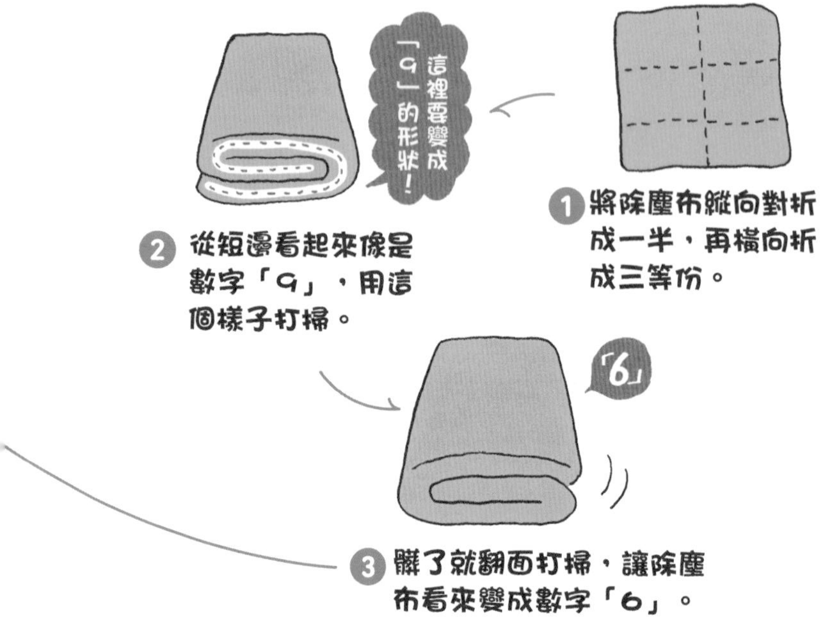
❶ 將除塵布縱向對折成一半，再橫向折成三等份。
這裡要變成「9」的形狀！
❷ 從短邊看起來像是數字「9」，用這個樣子打掃。
「6」
❸ 髒了就翻面打掃，讓除塵布看來變成數字「6」。

擦拭打掃時，只是單純使用一塊除塵布的話，只有正、反兩面，折成一半的話，就有兩個正面和反面，能夠使用的面積共計有四面。假如按照上圖❶的方式折成六等份，就有正反面一共十二面可以使用。這樣就能擴大一次擦拭的範圍，省下弄溼除塵布的步驟，時間上就可以縮短許多。

折法是先將除塵布縱向對折成兩半後，再往前折成三等份即可。這樣一來除塵布就會變成一個手掌大小，只靠一隻手就可以擦乾淨所有地方。

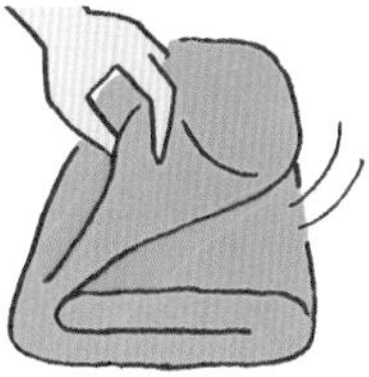

④兩面都弄髒後，接著將最上面一片往下反折。

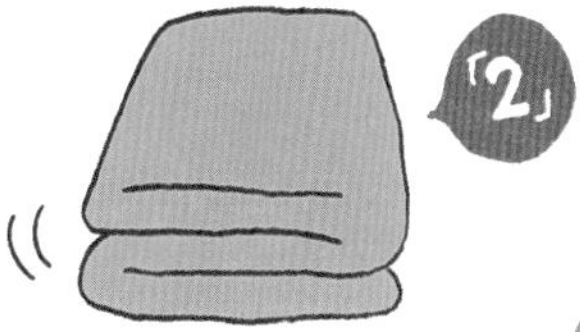

⑤這樣一來就變成數字「2」的形狀。繼續使用這個狀態的正反兩面擦拭。

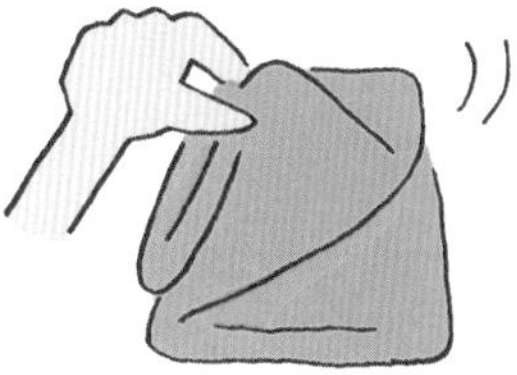

⑥兩面用完後，翻起右下角往下反折。

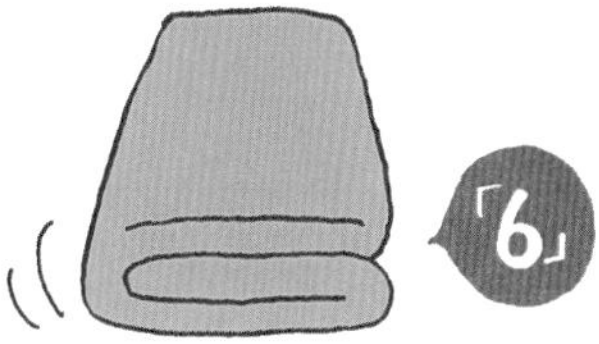

⑦除塵布再度變成「6」的形狀。使用這個「6」的正反兩面擦拭。

⑧整塊除塵布打開翻面，再以同樣方式使用一次，就能夠使用十二次！

使用方式是將折好的除塵布短邊對著自己，一手擺在上面，擦完翻面，擦完再翻面，露出乾淨的一面，這個過程可重複兩次。（圖②～⑦）

於是「短邊」的形狀依序變成數字9→6→2→2→6→9。按照這個順序用完六面擦拭之後，再攤開翻面重新折成六等份，以同樣方式重複使用一次。

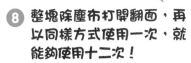

順應季節、氣候變化的特性來打掃！

盛夏的大晴天

清洗窗簾這類大型衣物、晒乾垃圾箱的好天氣。

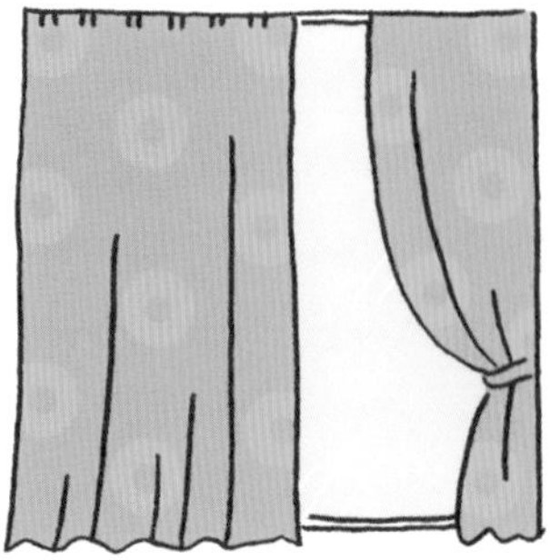

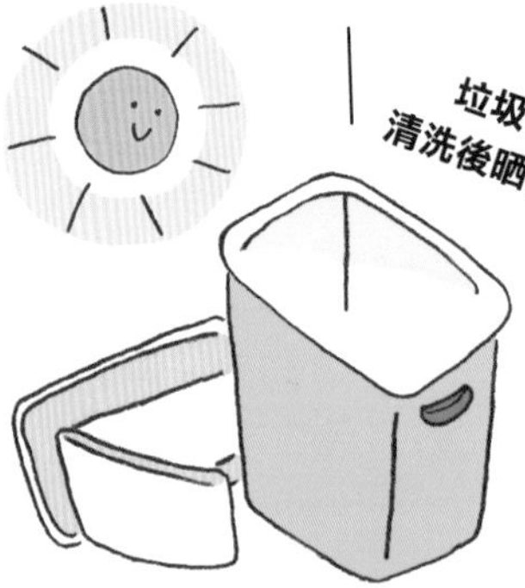

打掃會受到季節與天候的影響。反過來利用這一點，配合大自然的節奏，則一整年都是適合打掃的好天氣。

舉例來說，夏天豔陽高照的日子，只要用來清洗並晒乾垃圾桶和馬桶刷，太陽就會幫我們殺菌消毒。洗窗簾、沙發套等大型衣物，也是晒一下就乾了，短時間內就能清洗完畢。

擦窗戶玻璃則要選在下雨天的隔天；下雨能夠幫忙鬆動窗戶上的汙垢。隆冬因為陽台排水口四周的垃圾會變得乾燥，所以只要用刷子輕輕一刷就能刷掉。室內結露時，可利用結露的水分，只要準備一塊乾廢布就能夠輕鬆擦拭環境！

下雨的隔天

適合用來擦拭窗戶外面。因為汙垢已經被雨水鬆動，很容易擦掉。

乾燥的季節

玄關、陽台等戶外的塵埃變得乾燥，很容易清理。

結露的季節

適合用來擦拭窗戶內面。直接利用結露的水分擦拭就好，不弄溼除塵布也可以。

下雨天的局部重點打掃

平常不清理的地方仔細打掃

門把

窗鎖

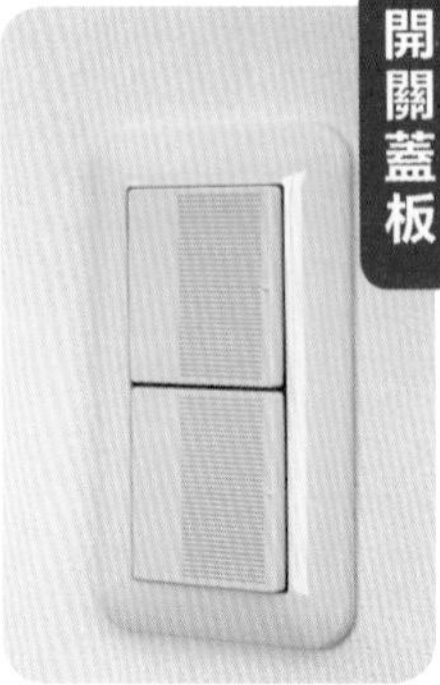

開關蓋板

容易被灰塵、手垢等弄髒的地方要仔細清理。

窗子不開的下雨天，不用吸塵器或雞毛撢清理整個房間，取而代之的是清潔平常不整理的地方，可讓整體煥然一新。比方說，將家中的門把、開關蓋板、窗鎖擦拭乾淨，諸如此類，鎖定打掃主題的話，就不用準備太多工具，也不會花太多的清掃時間。

另外，廚房、廁所、浴室的抽風機打掃無關天候，因此下雨天正是仔細清理的好時機。溼氣很重的梅雨季節，一邊整理櫃子或抽屜裡頭，一邊乾擦灰塵，不僅可以預防潮溼，也能夠將環境收拾得清爽又乾淨。從梅雨季節到夏天這段時期，正是重新審視家中收納狀況的絕佳機會。

抽風機／抽油煙機 仔細清理

廚房

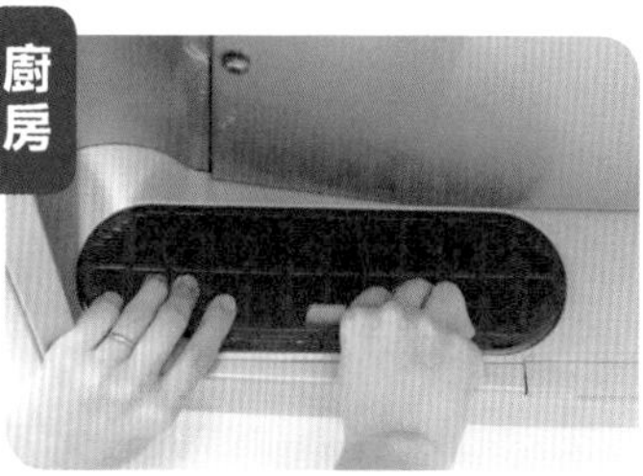

濾網拆下來，用天然鹼清潔水去除油汙。

廁所

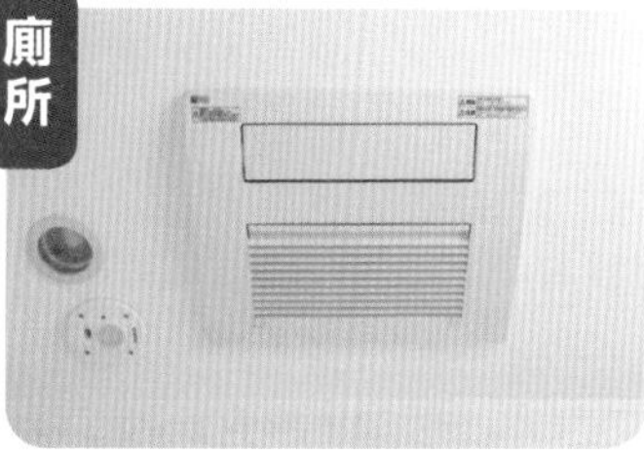

關掉電源，停止運轉，清理裡頭的扇葉，連扇葉背後也別放過。

浴室

拆下外蓋，清理灰塵和黴菌。

整理並順便擦拭 櫃子堆積的灰塵

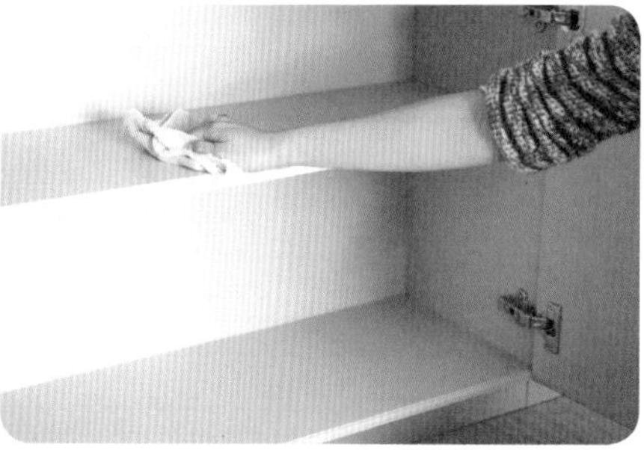

裡頭的物品全部拿出來，徹底乾擦灰塵。

整理拿出來的物品，同時歸位。

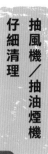

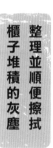

清晨&深夜是無聲打掃的最佳時段

掃出垃圾

輪到這些工具上場！

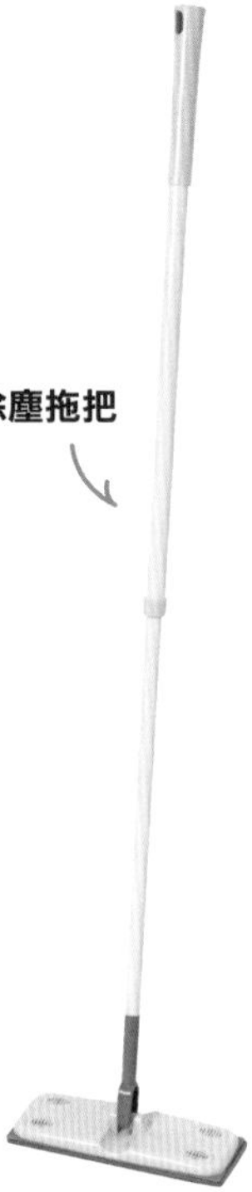

除塵拖把

迷你畚箕&掃帚組

剛生完孩子那陣子，能夠不發出聲音、不揚起灰塵、也不花時間，就能完成地板清潔的祕密武器，就是除塵拖把及迷你畚箕&掃帚組。將除塵拖把裝上廢布，集中垃圾後再用迷你畚箕&掃帚組安靜地掃起來，無論什麼時段都能夠放心打掃。現在孩子們入睡時，假如我很介意地上有垃圾，也會以一個房間2～3分鐘的速度快速掃完地板。

孩子還小的時候，能夠自己獨處的清晨和深夜，就是最寶貴的打掃時間。沒想到不出聲的打掃方式還不少，如：擦拭或刷洗等。能夠一個人默默、靜靜地打掃，感覺相當奢侈。

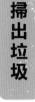

我家的無聲打掃清單

- [ ] 茶壺裡剩下的熱水倒入水桶裡，加入含氧漂白劑，溶解後用來漂白砧板和抹布。
- [ ] 用廚房紙巾包覆水龍頭，噴上檸檬酸，靜置30分鐘後清除廚房紙巾和水垢。
- [ ] 使用抗菌噴霧噴溼魔術海綿、乾淨的除塵布，清除冰箱裡的汙垢。
- [ ] 燒焦的鍋子裝滿水加熱，等到小蘇打粉溶解、水滾了就關火靜置一個小時，讓鍋巴脫落。（鋁製、銅製品不可使用這種方式）
- [ ] 使用捲著廢布的竹籤或棉花棒，清除家電底下、後側縫隙的灰塵。
- [ ] 使用天然鹼清潔噴霧＆檸檬酸噴霧雙重擦拭，擦去門上或門把上的手垢及汙垢。
- [ ] 用棉花棒仔細剔除梳子上的頭髮和灰塵，浸泡在加了天然鹼清潔粉的熱水裡，靜置之後拿起來晾乾。
- [ ] 用面紙或乾廢布擦去乳液類化妝品黏答答的油脂。
- [ ] 將沾染食物汙漬的小孩衣物或煮飯圍裙，靜置在溶解含氧漂白劑的熱水裡。
- [ ] 用舊牙刷和乾廢布清理吸塵器。
- [ ] 清空傘桶裡的雨傘，將舊廚房海綿沾溼後去除傘桶的汙垢，再以廢布擦乾。

揮揮手、扭扭腰，打掃也能順便瘦！

掃地
利用掃地的動作
縮腹＆提臀。
用力！
臀部與腹部輕輕
用力，同時前後
移動手臂。

坦白說，我是個運動白痴，不擅長任何運動，因為打掃的關係，才能多少免除了運動不足的困擾。

生完小孩之後，我曾經因為瘦不下來而感到苦惱，不過我想到也許可以把打掃當作減肥運動，於是在打掃時刻意要求自己的動作，沒想到因此成功瘦身。

比方說，使用除塵拖把清潔地板時，我會使用腹部和臀部的力量。擦窗戶時，則會利用上臂的力量，試著打直手肘大範圍的移動。打掃還是一樣，因此只要將注意力擺在想要緊實的部位就可以，很簡單。利用這個方法，一個月甚至可以瘦下三公斤。

擦拭
擦拭動作
鍛鍊上臂
甩掉掰掰袖
手肘打直，
移動整條手臂。
打掃高處
伸直
腳尖輕輕踮
起，使用小
腿的肌力。
打掃高處
拉長雙腿
輕鬆伸展
清理廚房
左右擺動
鍛鍊腰側
廚房
嘿！
嘿！
餐具櫃
雙腳張開，
轉動腰部，
完成整理動作。

像在磨鑽石般，利用指尖力量把舊鍋具擦乾淨

我家有不少趁著特賣會時買下，或在二手商店找到的便宜雜貨及家具，而且都是一些年代久遠的舊貨，而我也在持續過著打掃生活的過程中，逐漸找到清理它們的樂趣，最後變得捨不得丟。破銅爛鐵也會因為清理，而產生了相當於古董的價值。

鞠躬盡瘁的茶壺、鍋子等金屬廚具，只要透過刷洗，就能夠散發出鑽石般的光亮。配合不同程度的燒焦痕跡，分別利用手指可捏起大小的魔術海綿、菜瓜布、鋼刷清理。力量集中在指尖，就能夠輕鬆去除汙垢。而且每次使用只要切一小塊，相當節省。

使用的工具只有這些

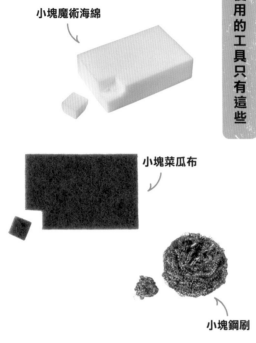

小塊魔術海綿

小塊菜瓜布

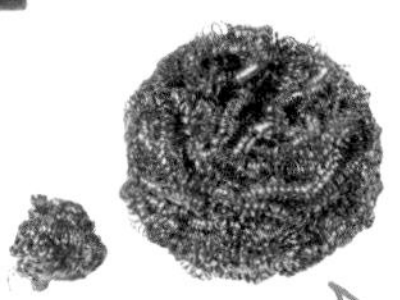

小塊鋼刷

適合的用法

堅硬 ←→ **柔軟**

鋼刷
如果不在乎刮痕的話，鋼刷最能夠清除嚴重的燒焦痕跡。

菜瓜布
對付中等程度的燒焦痕跡或汙垢最方便。

魔術海綿
像橡皮擦一樣，能夠清除輕微燒焦痕跡。

刷洗舊茶壺

用拇指指腹加壓在一點上，同時以鋼刷摩擦。

清除焦痕和汙垢，變得亮晶晶。

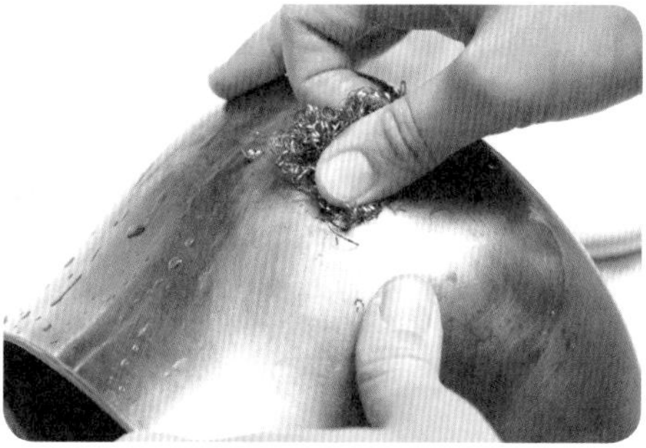

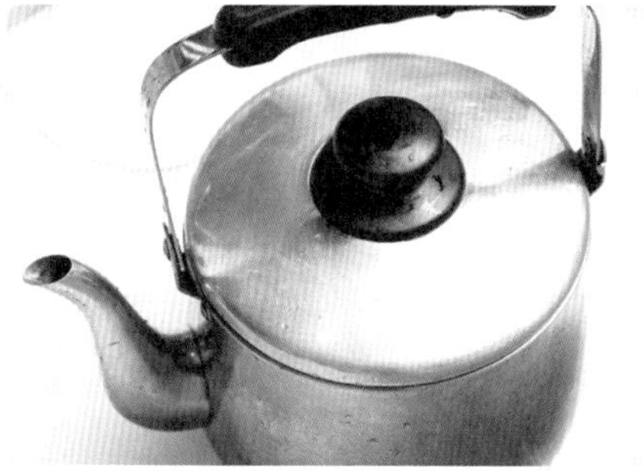

十多年前以一千日圓購買的產品，現在仍在使用。不只用來煮熱水，也用來澆花。

清除縫隙汙垢的好點子

儘管知道方便的打掃小物很便宜，簡簡單單就能夠買到，不過我更喜歡善用家裡現成的東西來打掃。

我曾經試用清潔縫隙專用的棉花棒形狀魔術海綿，驚訝於這個工具能夠進入各式各樣的狹窄空間打掃，不過，使用家裡舊的淘汰物品清除汙垢，所得到的感動與成就感還是比較高。有這些打掃小物相當方便，沒有也無所謂。減少工具，多些點子與創意，打掃才能成為一種娛樂。

IDEA 1 利用過期的集點卡＋廚房紙巾清理垃圾

輕鬆清除窄溝裡的垃圾！

薄型塑膠（一彎曲會稍微變軟的程度）卡片捲上廚房紙巾，就是清理家具縫隙、拉門軌道垃圾的好幫手。要丟掉之前，記得先刮掉卡片上的個人資訊。

IDEA 2

利用竹籤＋廢布清除拉門的灰塵

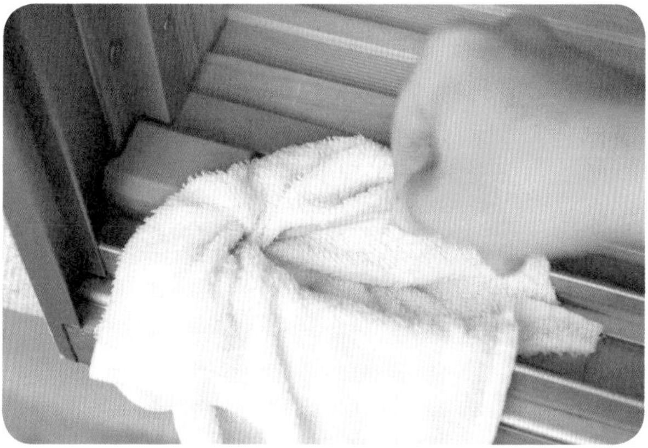

竹籤夠硬，不易折斷，而且長度也剛好。只要捲上廢布，就能夠用來打掃任何縫隙。

灰塵清光光！

利用小蘇打的力量溶解汙垢

IDEA 3

利用棉花棒＋小蘇打水清除磁磚狹窄接縫的汙垢

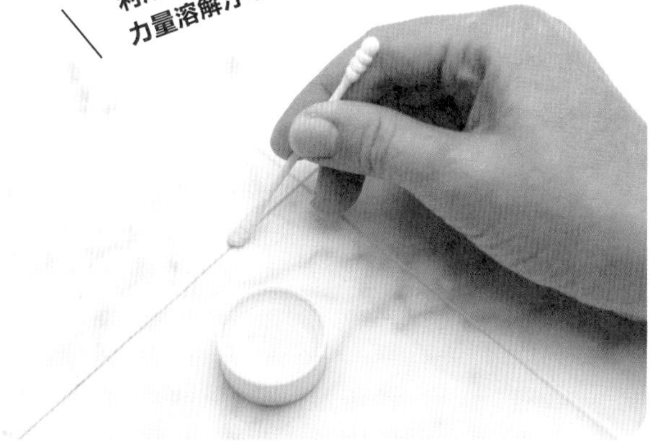

拿棉花棒沾上小蘇打水（水：小蘇打粉比例是1：1）塗抹在磁磚縫隙間，再用溼廢布擦掉浮上來的汙垢，就能夠把縫隙汙垢清乾淨。

頑強汙垢利用熱水對付

無須用力刷洗或使用強力清潔劑，只要浸泡在熱水＋配合汙垢選擇的清潔劑，汙垢就能夠輕鬆脫落。水溫較高的水更容易去汙，也能夠提高清潔劑的效果。如果熱水器能夠設定熱水溫度的話，建議最好設定在60度左右，不過也用不著分毫不差非得60度。廚房四周的物品可使用乾淨的自來水清潔，沒有那麼講究的人，也可使用茶壺或浴缸剩下的熱水，有助於節約用水。不過這些水擺了一陣子就會孳生細菌，因此最好還是不要隔天使用。

IDEA 1

瓦斯爐爐架的焦痕、抽油煙機扇葉的油膩可利用熱水＋天然鹼清潔粉

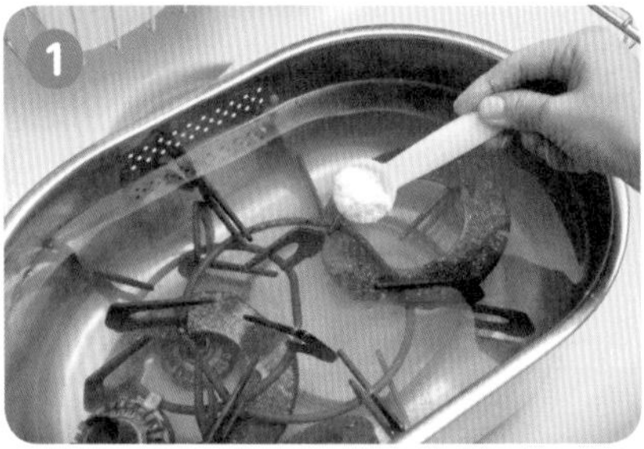

水桶裡裝滿熱水，倒入2～3匙天然鹼清潔粉，放進爐架浸泡20分鐘以上。

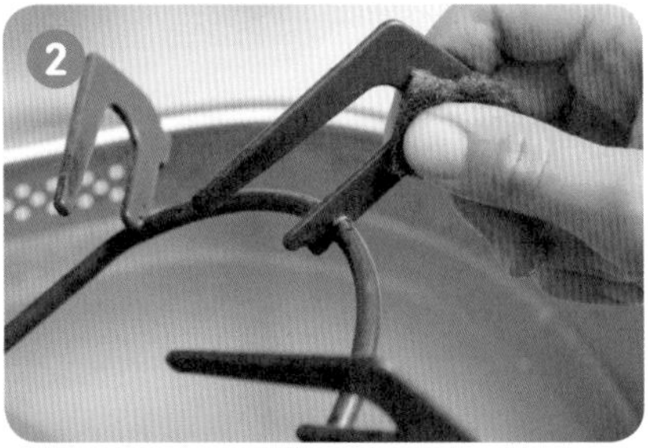

等到焦痕鬆動了，用菜瓜布一刷就脫落。（皮膚比較敏感的人建議戴上橡膠手套）

IDEA 2

垃圾桶、馬桶刷的除菌、除臭
仰賴熱水＋含氧漂白劑

將含氧漂白劑倒入垃圾桶裡（用量是45公升加入一量杯），用蓮蓬頭加入熱水溶解。靜置30分鐘以上，再以清水徹底沖洗乾淨後，晒太陽晾乾。

將臉盆套上塑膠袋，裝滿熱水，加入1/2杯含氧漂白劑溶解後，用來浸泡馬桶刷和刷架。浸泡30分鐘以上，再徹底沖洗後晾乾。

IDEA 3

水壺、茶壺內側的水垢
就靠熱水＋檸檬酸

將熱水裝到喝水口、注水口為止，加入1～2匙檸檬酸溶解後，靜置一晚再沖洗。

溼布軟化對策！對付乾掉的液態髒污

我家的貓咪經常在家具底下或角落看不見的地方吐毛球，往往等到毛球乾掉、黏在地上了才被發現，不過對付這個只要採用浸漬清洗的原理，將毛球軟化後，就能夠輕鬆擦掉。先用廚房紙巾蓋住髒汙，紙巾表面噴上抗菌噴霧弄溼後，靜置10分鐘。接下來直接擦掉，就可以連異味也消除了。除了地板之外，家具、建材、家電產品等，無法直接浸泡清洗的狀況，用溼布軟化對策就是清除頑強汙垢最簡便的方法。

IDEA 1 清除微波爐的頑強汙垢

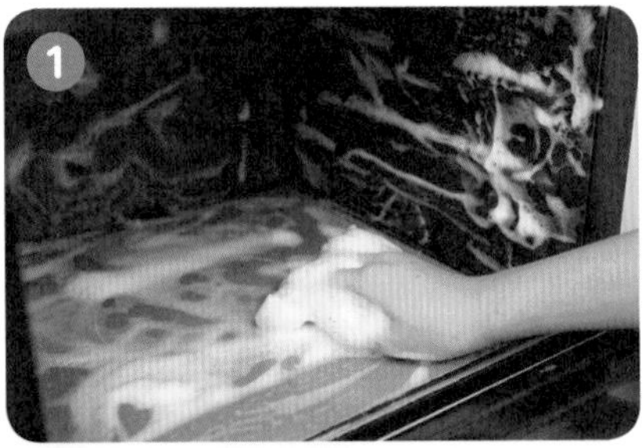

為了避免水分太多，先將洗碗精搓揉到完全起泡，再用海綿將泡沫抹在微波爐內側，表面蓋上一層廚房紙巾。

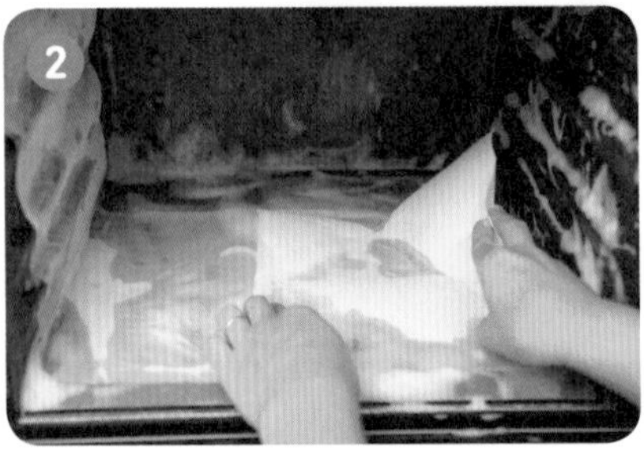

靜置10分鐘以上之後，將紙巾和泡沫一同清理掉，剩下的汙垢則利用魔術海綿刷洗，再溼擦清除。（一次還無法完全去汙的話，可多試幾次）

IDEA 1

清除浴室玻璃水漬

水中加入檸檬酸溶解後，浸泡廚房紙巾或廢布。

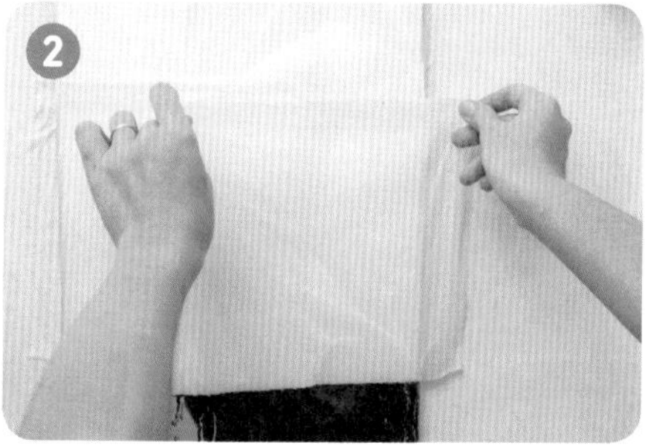

將❶貼在整面鏡子上。

為了避免乾燥和揮發，外頭再覆上一層保鮮膜。

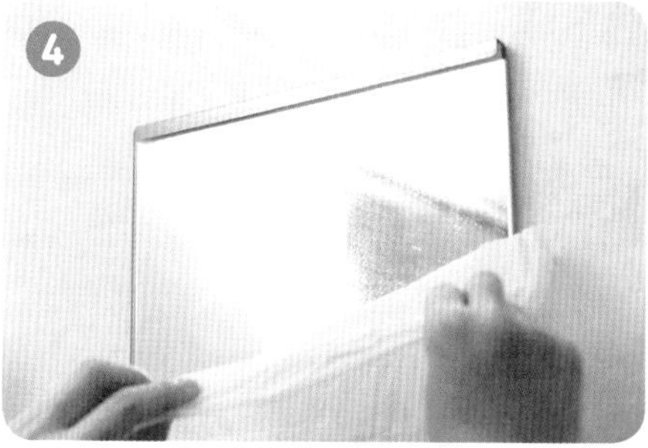

靜置一個小時以上之後全部拆下，再用乾廢布徹底擦乾水分。

全部取出、全部擦拭、全部放回！

在每天的例行打掃中，幾乎多半都是清除整間屋子的灰塵、貓毛、小孩留下的手垢和黏答答汙垢等表面的清潔工作。即使真的很想清理抽屜或櫃子，卻遲遲無法動手。因此，我特別選在孩子們都在睡午覺時，或是自己比平常更早起床的日子，進行名為「全部取出、全部擦拭、全部放回」的活動，清掃所有收納空間的內部。這個活動一旦開始就不能半途而廢，因此一次打掃一個地方，限時一個小時，集中攻擊火力打掃。結束時的暢快感覺無與倫比。

POINT ①

全部取出

壁櫥這類大型收納空間一次一層，餐具櫃一次一個門，收著許多零散物品的抽屜則是一次一個抽屜為目標，將裡頭所有東西拿出來淨空。

POINT ②

全部擦拭

變空的櫃子和抽屜以乾擦的方式清除灰塵。太髒的地方則是分成乾擦↓溼擦↓乾擦三階段來進行。如果有時間，也可以將拿出來的物品全部擦拭一遍。

POINT ③

全部放回

一邊整理一邊放回拿出來的物品。確定不會再用到或壞掉的物品就丟掉，別再放回去。這樣就完成了。

洗手台收納空間的總檢查

放置化妝品、衛生用品的洗手台四周收納空間，是務必要保持乾淨的地方。有時進行全面打掃，確認裡頭放置的物品，也能夠掌握消耗品的庫存情況。

1

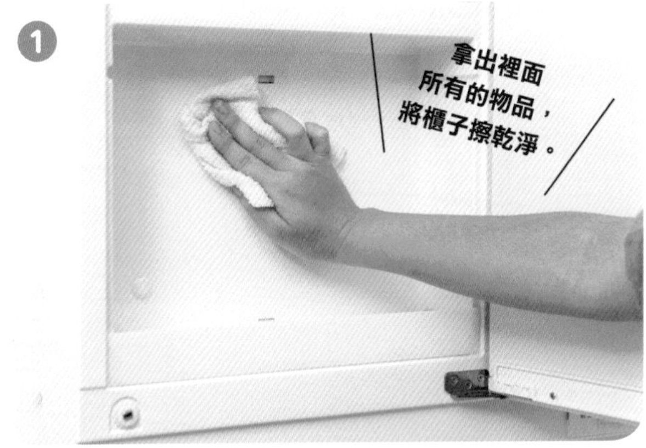
拿出裡面
所有的物品，
將櫃子擦乾淨。

2

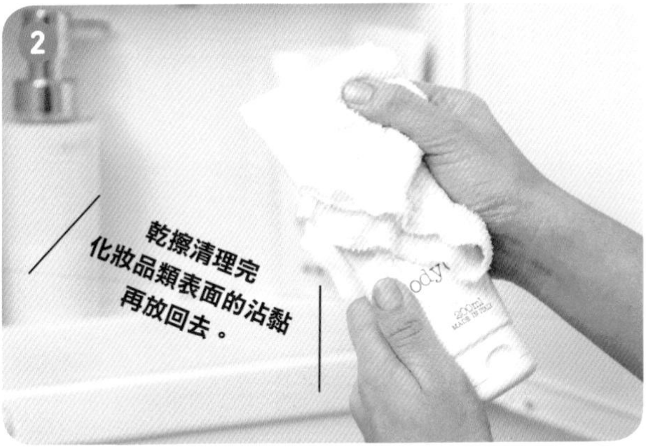
乾擦清理完
化妝品類表面的沾黏
再放回去。

3

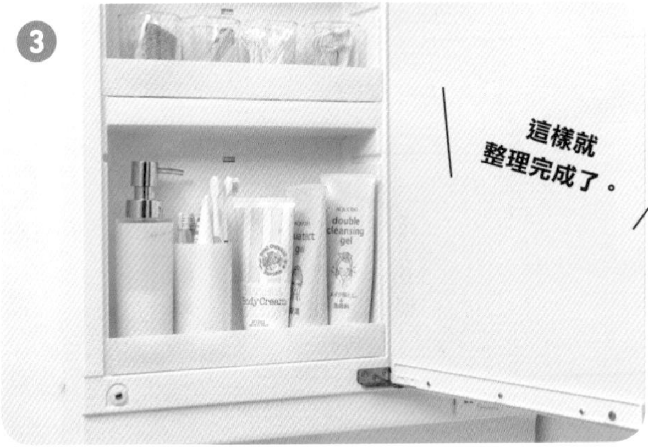
這樣就
整理完成了。
double
cleansing
gel

偶爾翻翻桌子、家電，換角度找出死角的汙垢！

孩子們玩耍、吃點心使用的客廳茶几每天都會弄得很髒，因此每次都少不了必須擦拭一番。直到有一天，我把茶几翻過來一看，嚇了一大跳。為什麼？因為茶几底下都是黏答答的手垢、果汁類液體飛濺的痕跡，甚至還有塗鴉，我這才知道孩子們有多厲害。

從此以後，不管是家具或家電，只要是能夠翻起來的物品，我偶爾會翻過來檢查，只要一發現疏忽的汙垢就會清理。這樣做，讓我莫名覺得自己彷彿贏了這場比賽。

茶几翻面清潔

換個角度，就能夠看見原本看不見的汙垢。

邊框內側沾著小孩的手垢。拿下玻璃板後，將茶几打橫。

桌腳內側有結塊的灰塵。輕輕翻面，避免刮傷地板。

將玻璃板放回，將表面擦得晶亮。

微波爐也要翻面

拔掉電源線，翻轉一百八十度。

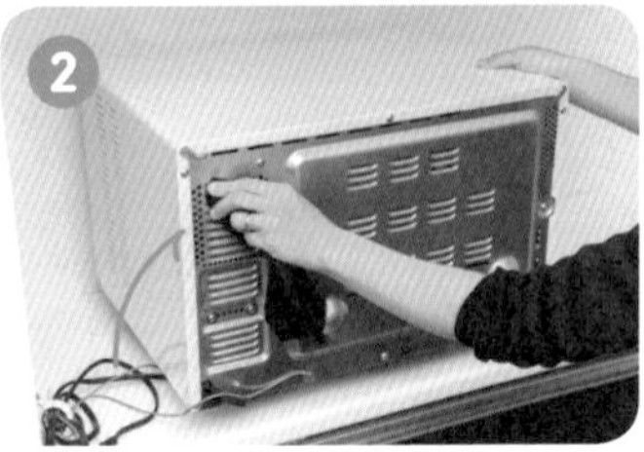

背面也累積了不少灰塵。

再轉九十度，底下也沾著灰塵和食物汁液。

小型廚房家電也要翻面

食物調理機

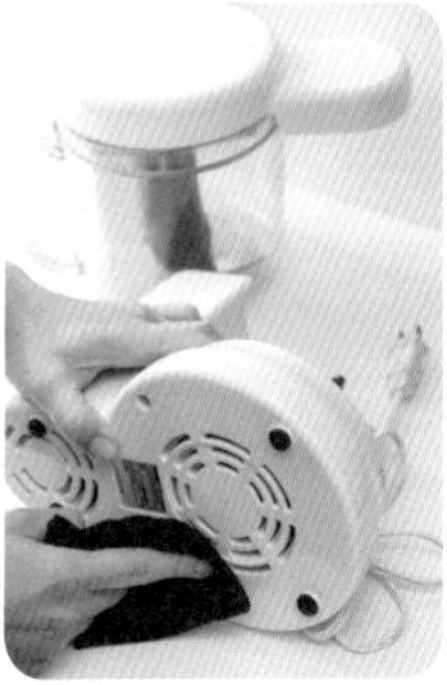

食物調理機表面會沾上不少食物飛濺的殘渣。每次用完也要仔細擦拭底下。

電子鍋

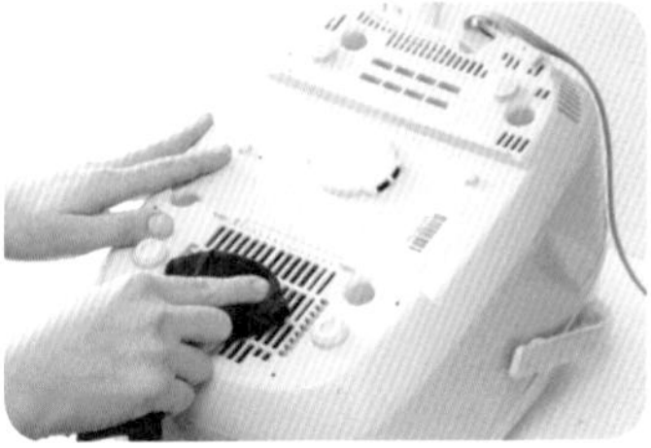

擦掉電子鍋底下、溝槽裡的灰塵。

也試著移動大型物品

我家洗衣機是縱長形，我一個人也能夠輕鬆抬起來。我擔心孩子的小襪子有時會掉落在洗衣機後側，或是防水板會留下汙垢，經常抬起洗衣機，因此掌握了用雙手支撐的重點，以及腰部用力的方法。

習慣移動大型物品之後，打掃的腳步也會變得很輕盈。話雖如此，勉強移動的話，還是有可能受傷或損壞洗衣機，建議找人幫忙。

移動冰箱

假如不是太老舊的產品，建議也挪挪冰箱。
冰箱正面的底部多半有滾筒，
只要拆下固定滾筒的螺絲，
就能夠把冰箱輕鬆往前拉出來。

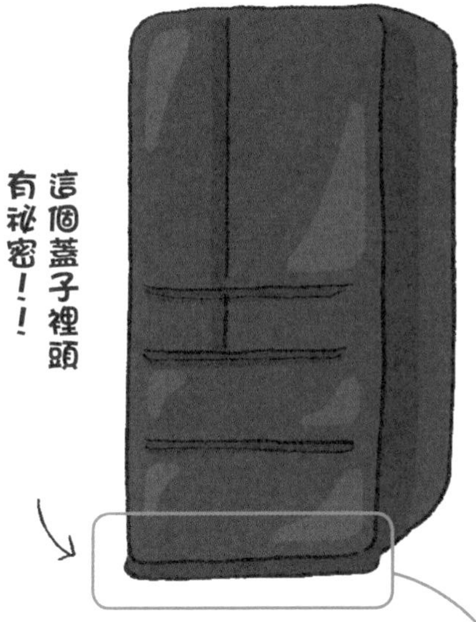
這個蓋子裡頭有祕密！！

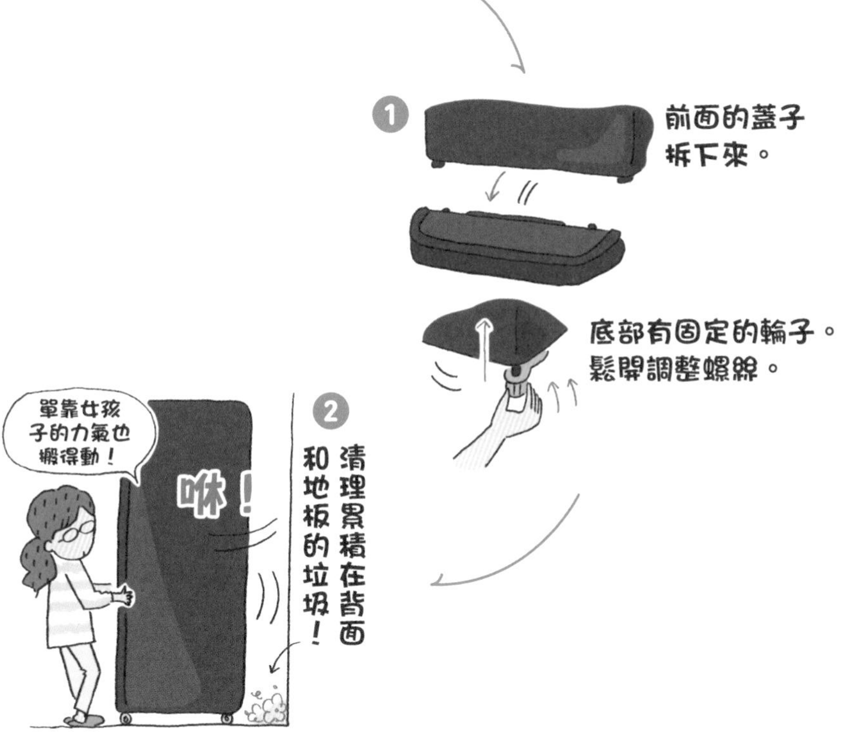
1 前面的蓋子拆下來。
底部有固定的輪子。鬆開調整螺絲。
2 清理累積在背面和地板的垃圾！
單靠女孩子的力氣也搬得動！
咻！

STEP 3

〔進階打掃篇〕將打掃當成娛樂，時間越短越有效率！

清洗玩具

小孩子玩的東西一下子就弄髒了，而且必須保持清潔，因此玩具也許是打掃當中難度最高的項目。在第60頁已經介紹過用小蘇打粉擦拭玩具，只要能夠水洗的物品就別猶豫，盡量清洗吧！

積木的清洗方式

內部中空的積木一旦進水就很難乾，所以先取出後，再擦拭乾淨。

將積木繼續放在盒子裡，撒上小蘇打粉，用蓮蓬頭加滿熱水。

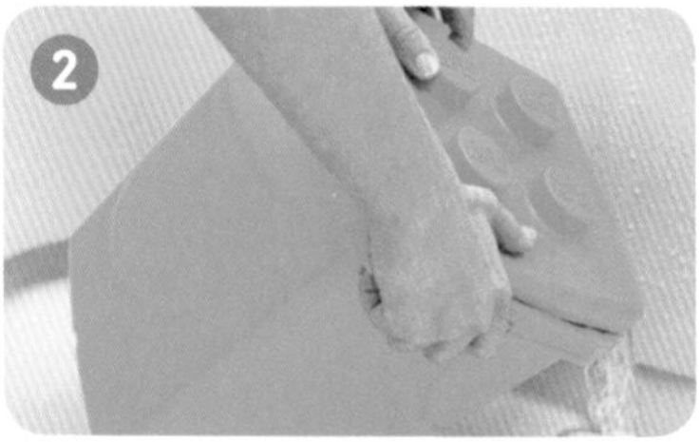

蓋上蓋子，拿起整個積木桶搖晃後，倒掉裡頭的熱水。

再度裝滿熱水→倒掉，重複這個過程兩、三次，徹底洗乾淨。

排列在草蓆上晒乾。豎起直立排列更快晾乾。

布娃娃的清洗方式

建議在容易晒乾的夏天進行！

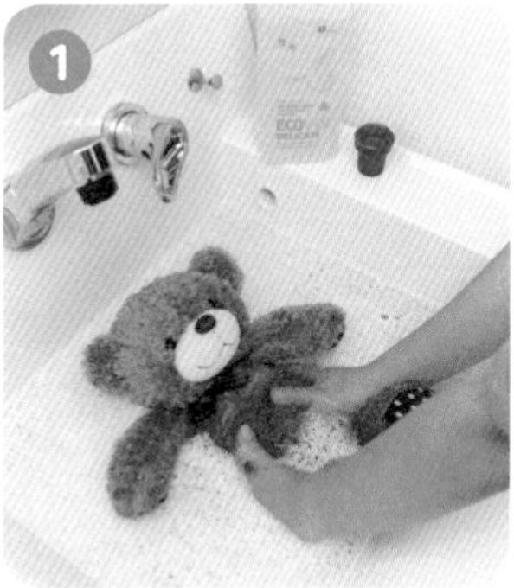

在洗手台裡裝滿熱水，倒入高級衣服專用清潔劑，放入布娃娃浸泡。

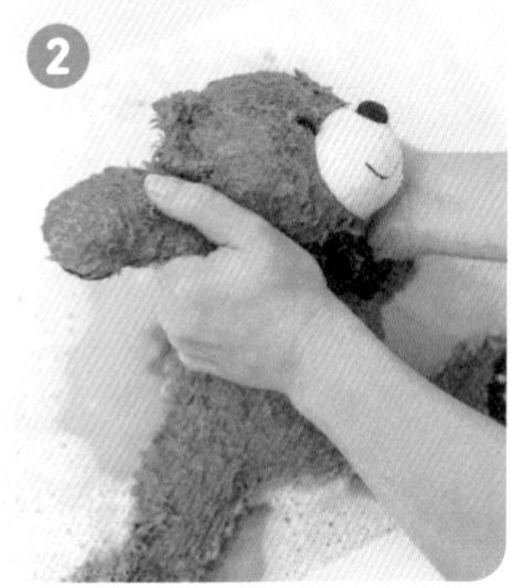

用雙手輕柔搓洗。

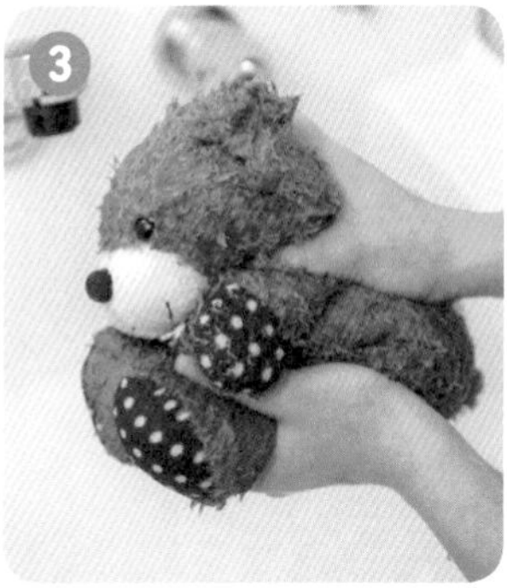

另外用新的熱水沖過後，擰乾水分。

從上方輕輕按壓，同時用毛巾擦乾。

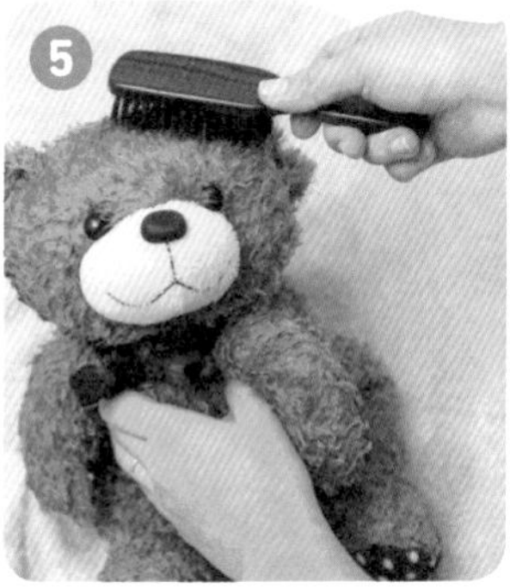

用刷子將毛梳整齊。

夾在晒衣架上晒乾。小型的布娃娃可裝進洗衣袋裡，更容易晾乾。

Column 3

打造與孩子、寵物共同生活的安心空間

〔挑選適合孩子及寵物的家具與建材〕

「寵物專用」也能對付孩子的惡作劇

現在有些家具或建材，具有防止寵物惡作劇的功能，不過那些相當花錢，所以打造現在住的房子時，我經過了一番苦惱，壁紙選擇了光滑材質，以及立刻會被抓破的和室拉門紙也換成了寵物專用產品。多虧這兩種產品耐損傷和髒汙，因此就算孩子們太粗魯也沒有問題。

壁紙材料
表面光滑，因此貓咪的爪子不會勾在上面，汙垢也只須用水一擦就清潔溜溜。

拉門紙
外觀看來與和紙沒什麼兩樣，實際上是以塑膠材質製作，不易弄破也不會泛黃。

迴避風險的室內裝潢

有了家具、家飾會被破壞到某個程度的心理準備之後，我便選擇了方便替換且價格合理的產品。

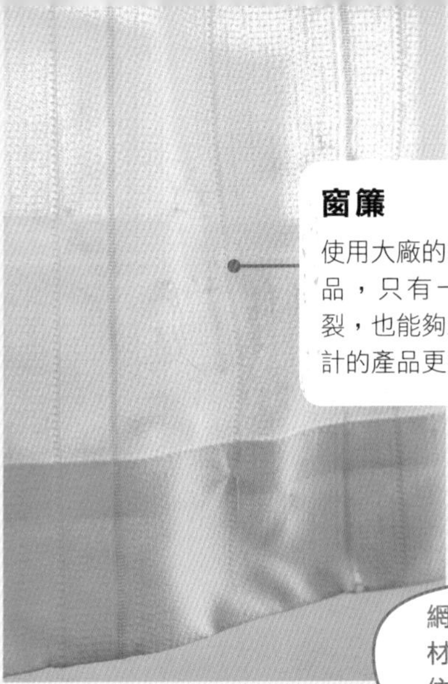

窗簾

使用大廠的基本款產品，只有一塊被撕裂，也能夠以同樣設計的產品更換。

網目較細的材質不易勾住貓爪

沙發

過去因為家裡的皮革沙發曾被貓抓到七零八落，下場很慘，因此改用布沙發。雖然還是一樣會被抓壞，但是如果有需要，只要更換布套就好，比起更換皮革，風險較低。

只有廚房地墊

地毯

地毯和貓抓板一樣，容易吸附貓毛且不易清除，所以家裡不放絨毯、小地墊等東西，只擺了廚房地墊。而這塊廚房地墊，我也選擇能夠整塊拿起來洗，且價格合理的產品，就算被抓破，只要換新的就好也比較不心疼。

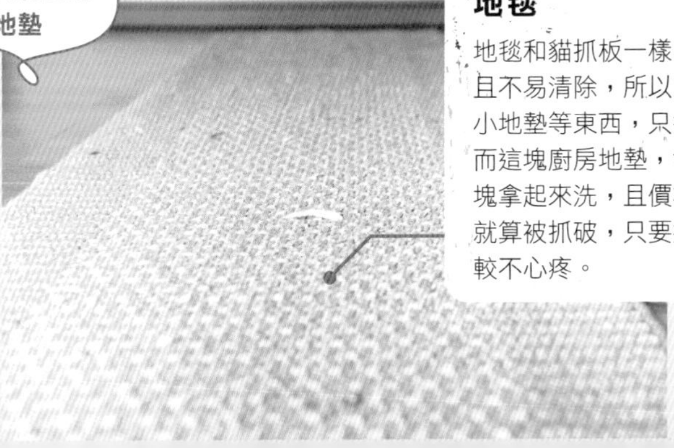

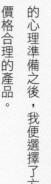

STEP 4

養成隨手打掃的小習慣，可常保家中窗明几淨

最後一個步驟就是養成打掃的習慣。
並且要告訴你不同場所的打掃重點。
打掃只要建立週期，
遵循流程，真的不難。
髒汙不是一下子就累積而成，
只要經常進行簡單打掃，
家裡就不會累積太多髒亂而難以打掃！

規劃好固定的打掃流程&週期

每日打掃排程

想要短時間輕鬆讓家裡變得乾淨清爽，每天重複同樣的打掃排程是最好的做法。累積的汙垢只有一天份的話，打掃一次就能夠讓整個家裡變得亮晶晶！

打掃排程的決定方式很簡單。一邊通風一邊進行除塵布擦拭、用吸塵器從距離玄關最遠的房間開始吸地，然後以玄關為終點，找出最短路線。另外，四處用水空間（盥洗室、廁所、廚房、浴室）的打掃，只要分為加入早上和晚上的排程即可。

早上 Morning

- 洗完臉後，簡單擦拭洗手台。
- 一邊在家裡移動，一邊拿除塵布擦拭，同時用吸塵器吸地。
- 洗完衣服後，簡單擦拭盥洗室的地板。
- 掃廁所。

晚上 Night

- 晚餐後，打掃、收拾廚房。
- 入浴前後打掃浴室。
- 睡前收拾玩具。

每週、每月的定期打掃計畫

每天能夠做的事情主要就是整個家裡表面的清掃。家具背面、收納空間內側、家電保養等，則配合骯髒程度，訂出每週一次或每月一次的定期打掃排程。

但是，在照顧小孩優先的生活或工作繁忙的狀況下，時程表無法排太滿，我注意到某種程度上採用彈性工時制度，打掃才能更順利。在每週的第一天只專注打掃廚房；週末有空時，可用來打掃每月才掃一次、卻覺得不夠乾淨的地方。

每週一次的打掃

- **擦拭冰箱。**
- **擦拭微波爐。**
- **擦拭廚房收納櫃的門。**

每月一次的打掃

- **清潔抽油煙機&瓦斯爐。**
- **清潔洗衣機、洗衣槽。**
- **清潔浴缸加熱器。**
- **其他髒兮兮的地方。**

廚房

廚房經常進出，所以經常進行不花太多時間的小打掃，才能永保乾淨！

每天

- 水槽
- 流理台
- 瓦斯爐表面
- 電子鍋

每週一次

- 冰箱
- 微波爐
- 收納櫃的門

每月一次

・抽油煙機
・瓦斯爐爐架

不定期

・洗碗機
・櫥櫃內部

每天 \ Kitchen /

水槽

每天的晚餐清理到最後，將一整天的汙垢清除，清爽乾淨！

1

用洗碗精＆水槽專用廚房海綿清理三角廚餘盒、排水口等水槽各部分。

2
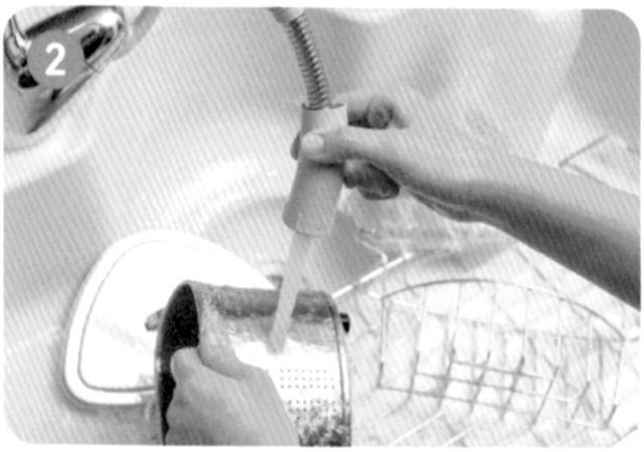

將洗碗精的泡沫徹底沖洗乾淨。

3
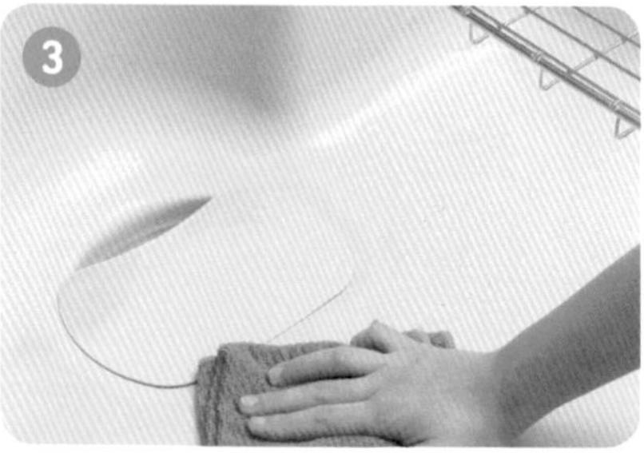

使用當天專屬的擦台子除塵布，擦乾水槽的所有水珠。

4

完全乾燥！

海綿和清潔劑擺在窗邊讓它們晾乾一晚，避免變得滑溜黏稠。

每月

\ Kitchen /

抽油煙機&瓦斯爐

每月一次，所需時間20分鐘，就能夠遠離頑強汙垢！

拆下抽油煙機的扇葉＆瓦斯爐的爐架，浸泡在加入2～3匙天然鹼清潔粉的熱水裡靜置。

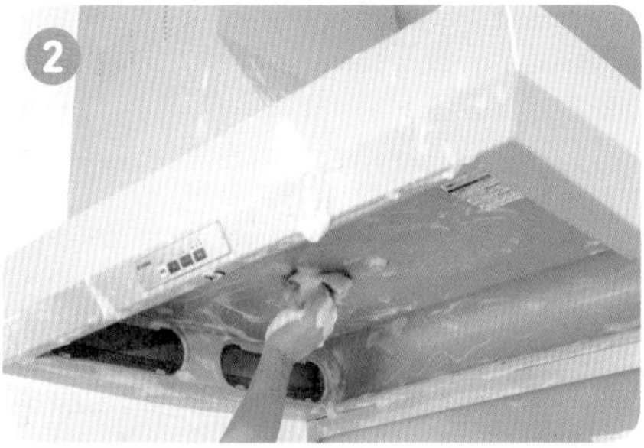

趁著浸泡❶這段期間，用淘汰的廚房海綿、洗碗精，將泡沫抹上抽油煙機後靜置一會兒。

趁著❷的抽油煙機充滿泡沫時，將❶的扇葉和爐架刷洗乾淨，沖水後晾乾。

用水沾溼除塵布，徹底擦去抽油煙機的泡沫，再裝回拆下的扇葉。

※我家的抽油煙機因為構造的關係，無法介紹內部扇葉的清潔方式。尚請見諒。

\ Kitchen /

廚房家電

冰箱

每週一次

我家習慣在農會超市一次購買一整個禮拜份的食材，所以每個禮拜在新的食材送達之前，我會先以抗菌噴霧和除塵布擦拭冰箱裡面。冰箱門則是用溼擦和乾擦保持晶亮。容易沾附手垢的冰箱門側面也確實擦乾淨。

微波爐

每週一次

每週只要擦一次，就能夠阻擋頑強汙垢停留！

每週清潔冰箱時，也會順便擦拭微波爐裡頭，防止異味、汙垢附著。

櫃子的門

每週一次

清完冰箱及微波爐之後，我會順便將櫃子表面的手垢、黏答答的油汙，用天然鹼清潔噴霧→檸檬酸噴霧進行雙重擦拭。開關櫃門的把手內側也是清潔重點。

電子鍋

每天

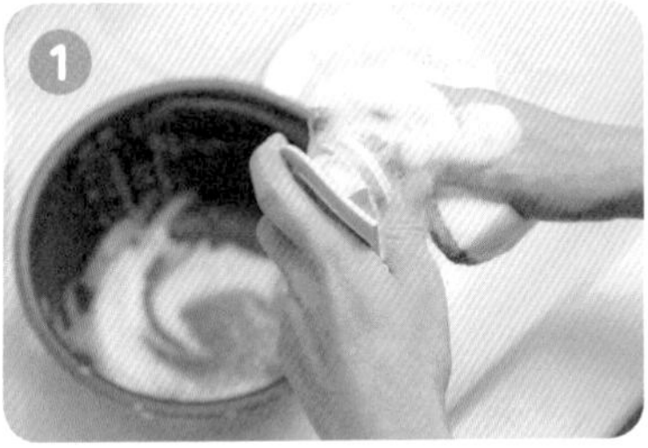

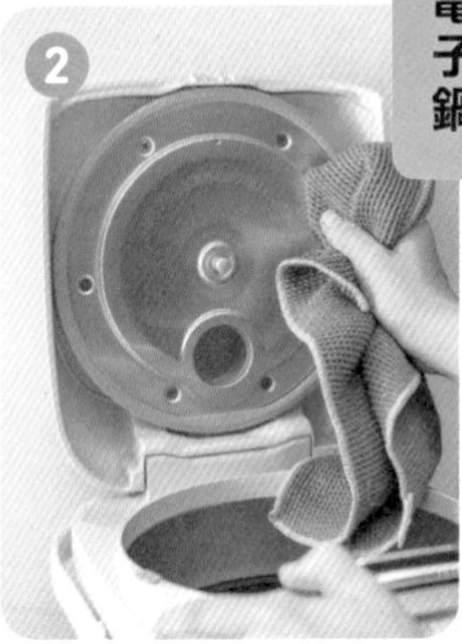

每天使用的電子鍋，將當天剩餘的飯冷凍之後，拆下內鍋、外蓋、蒸氣口蓋子清洗，並且確實將鍋身擦拭乾淨，讓表面就像剛煮好的白飯一樣光亮。

洗碗機

不定期

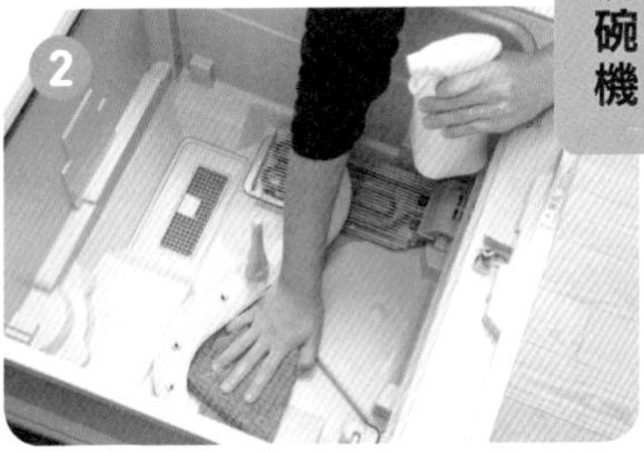

討厭白色水垢的話，可將4～5匙檸檬酸加入洗碗機的洗碗精注入口空轉後，拆下可以拆洗的部分手洗，再以檸檬酸噴霧和除塵布擦拭洗碗機裡頭。

廁所

使用的工具有三樣，順序是由上而下。
每天3分鐘的簡單打掃，即可永保清爽、乾淨。

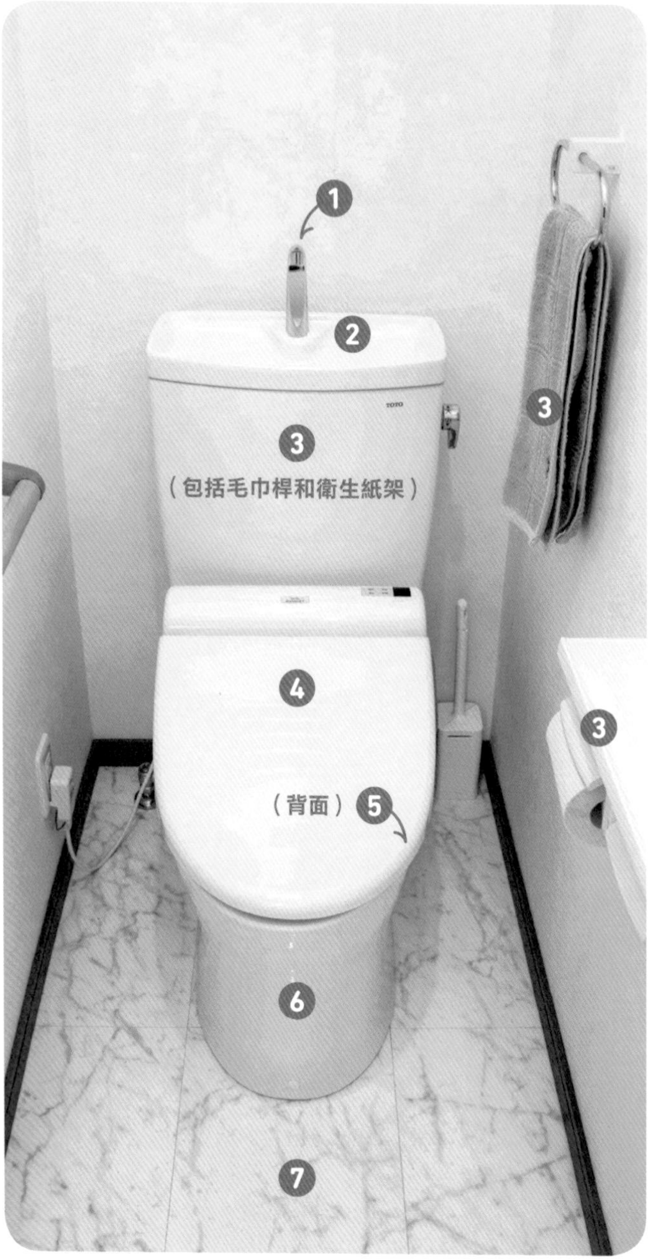

打掃工具只有三樣

每天使用的打掃工具是
廢布、檸檬酸噴霧、馬桶刷這三樣。
廢布和檸檬酸噴霧可裝在小籃子裡，擺在置物架上。

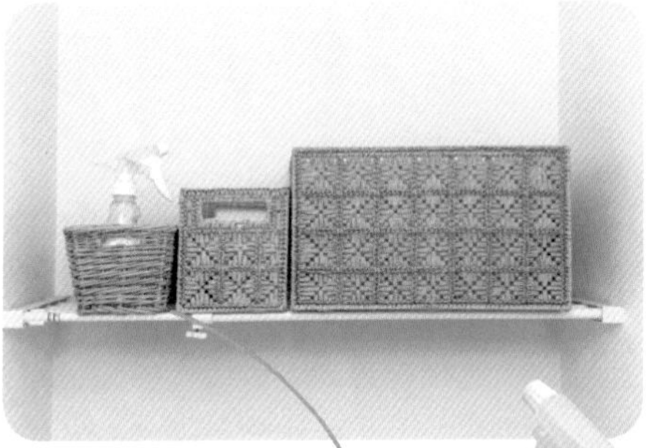

使用材質輕盈的籃子，就算掉落也很安全。

小塊廢布對折成一半，與檸檬酸噴霧擺在一起。

\ Toilet /

東家的順序

用檸檬酸水噴溼的廢布，按照❶～❼的順序擦拭。使用一塊手巾大小的廢布就夠。對折成一半，就有兩個正反面、共計四面可以用來擦拭。

首先使用對折廢布的正面擦拭❶～❹，翻到背面擦拭❺的馬桶座背面。接著反折廢布，用乾淨的正面擦拭❻的馬桶底部，再用背面擦拭❼的地板，就完成了！

詳細的擦拭方法參考下一頁。

Toilet

廁所打掃的順序

1～4 ·擦拭表面

從水箱到馬桶蓋都要擦。途中經過毛巾桿和衛生紙架也要擦。

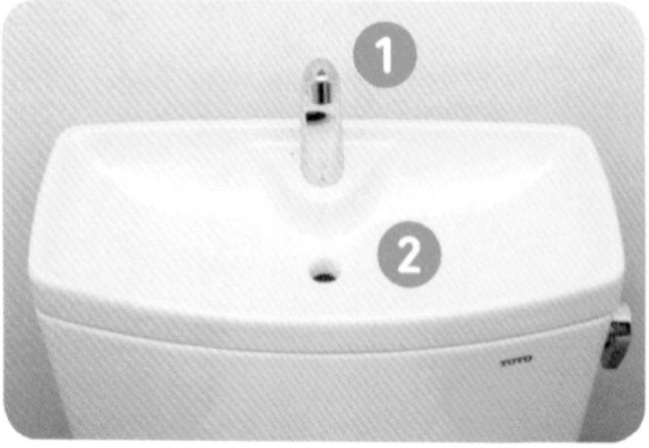

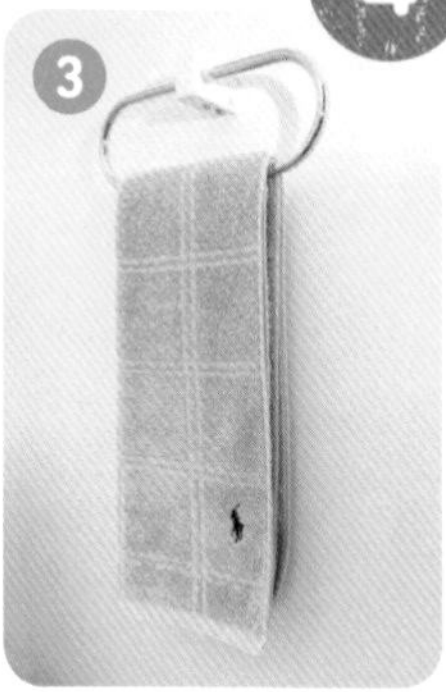

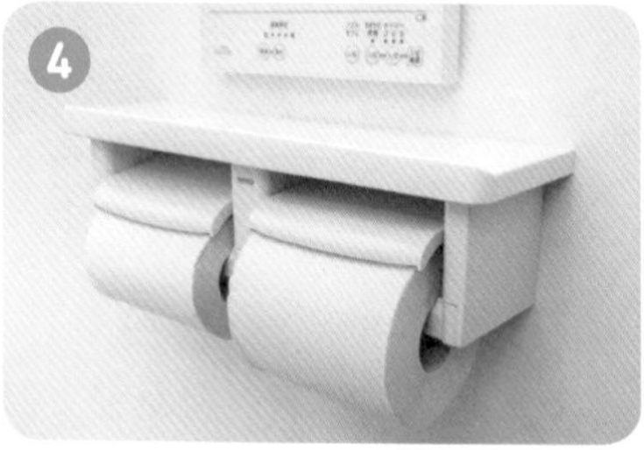

5 ·內側用畫圓方式擦拭

掀起馬桶座

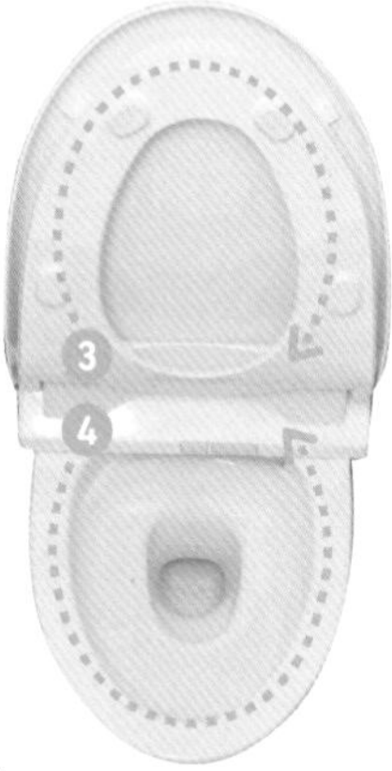

打開馬桶蓋

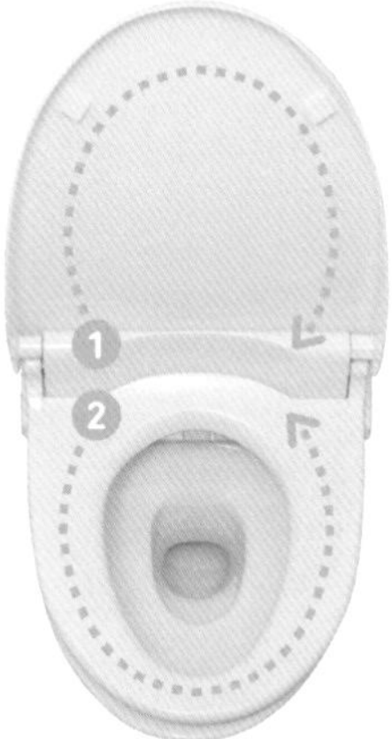

用同一面廢布依序一口氣擦完！

順序是：馬桶蓋內側→馬桶座→馬桶座背面→馬桶邊緣。拿著廢布以畫圈的方式擦拭；廢布換面後再擦拭馬桶外側。馬桶裡頭直接噴上檸檬酸噴霧，再用刷子刷過。

6～7

・馬桶下半部從後側到前側

・地板從內擦到外

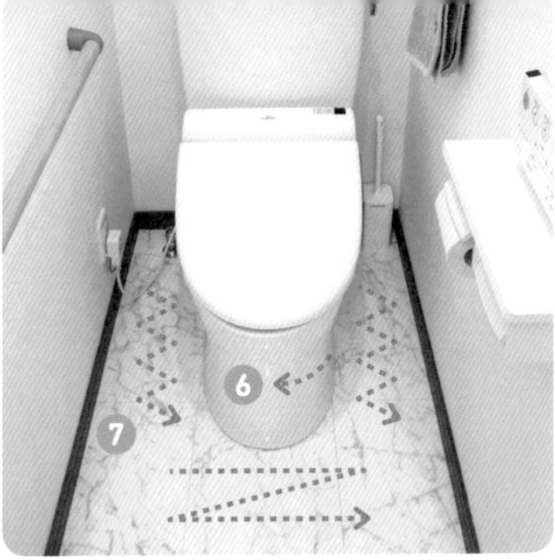

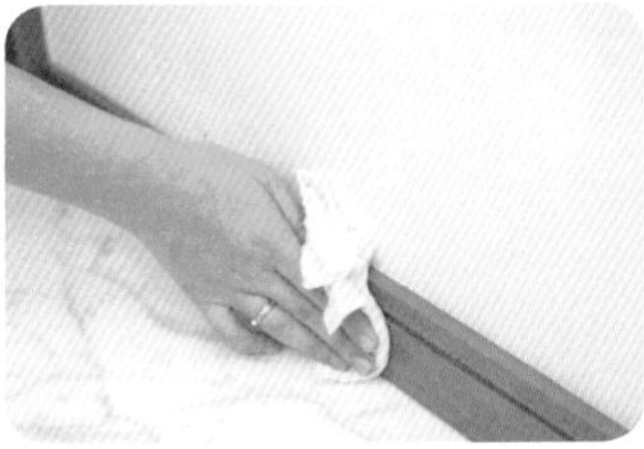

廢布換一面之後，從馬桶下半部後側往前側擦拭。接著用廢布另一面從裡面的地板擦到外面來。假如看不慣牆壁和下方裝飾板的汙垢，可以先擦這兩處。

對汙垢很介意的話……

假如你對馬桶裡頭的黑漬很在意，可用切成小塊的魔術海綿將汙垢刷除。

抽風機以每個月一次的頻率，拆除外蓋，擦拭內部。

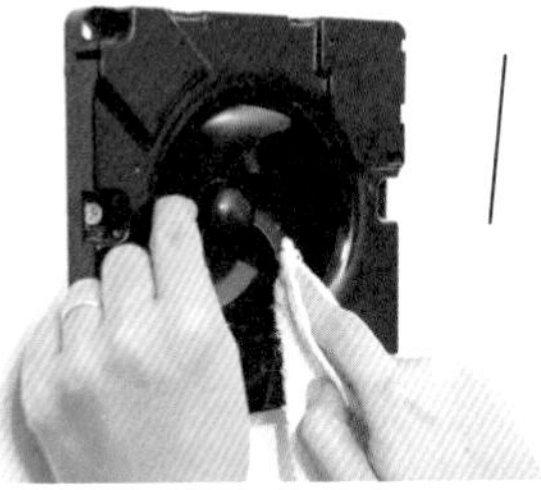

打掃時
要關掉開關

浴室

配合洗澡的時間「順便清理」，養成習慣就能夠遠離黴菌、水垢、黏稠物質！

排水口

排水口不累積汙垢、每天打掃，才不會有異味、汙垢附著，這樣一來不但輕鬆，浴室也會變得很乾淨。趁著放水之前的乾燥狀態，用廚房紙巾擦掉髒汙，簡單清潔。這就是浴室打掃的起點。

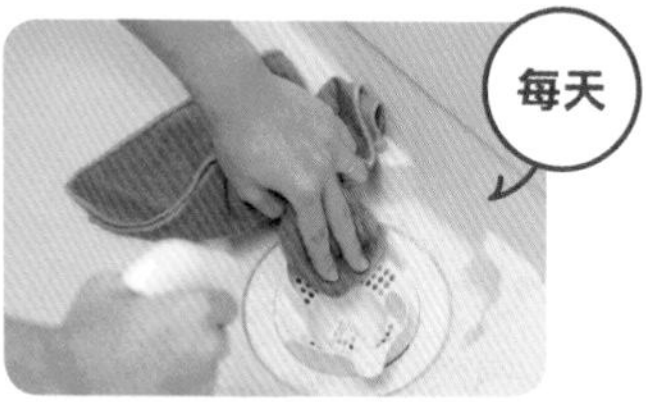

每天放水之前先清除堆積的髒汙，再用清潔劑＆除塵布清洗毛屑濾網的表面。

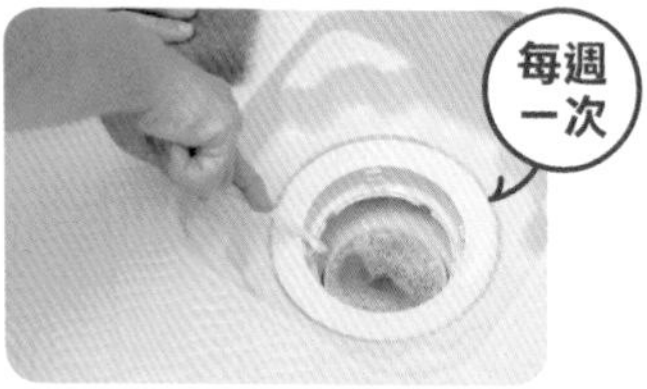

每週一次用牙刷刷洗毛屑和濾網背面，以及排水孔深處。

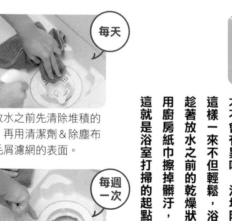

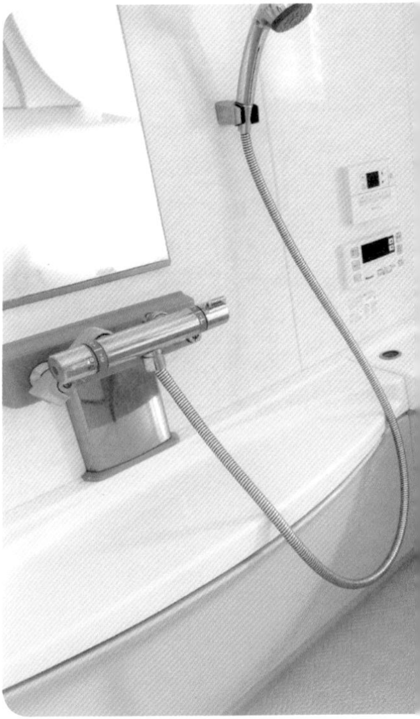

地板（洗澡的地方）

從清理排水口開始，用除塵布清洗整個地板。如果不髒的話，可以不使用清潔劑，只用清水也可以。

浴缸

整個浴缸用蓮蓬頭打溼，灑上清潔劑後，用除塵布輕輕刷洗。

浴室打掃三大工具：除塵布、刮水器、專用清潔劑

我家每天使用的基本工具是打掃除塵布、刮水器、浴室專用清潔劑這三樣。除塵布對折起來就可以代替海綿。選擇浴室使用的除塵布時，記得選擇有一面材質較硬的產品（商品介紹可參考36頁）。背面是一般的除塵布材質，所以也可用來擦乾水珠。刮水器是在洗完澡之後，用來去除牆壁和鏡子上的水氣時少不了的工具。清潔劑最好使用植物性產品，洗澡時順手打掃也可用得安心，不傷肌膚。

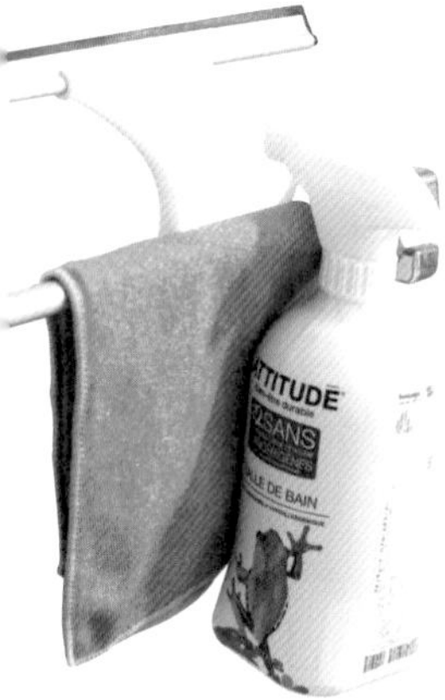

Bath room

一天一處，洗澡時順便打掃

洗完澡後，利用蓮蓬頭的熱水順手打掃。浴室用品置物架、浴室的門、牆壁等，一天一個地方，每天打掃一處很簡單。

牆壁

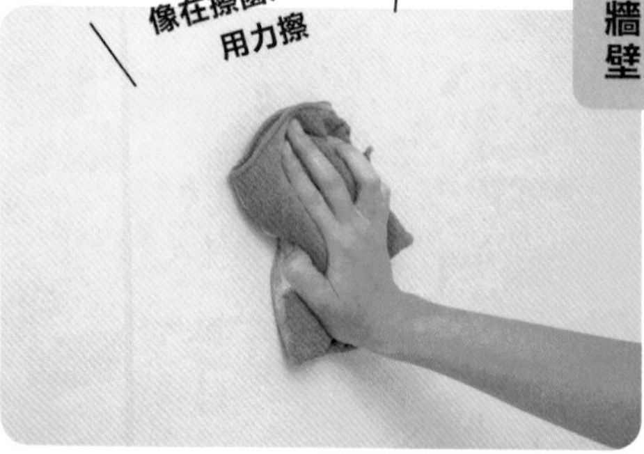

像在擦窗戶一樣
用力擦

牆壁噴上清潔劑，用除塵布由上而下摩擦。尤其是比腰部低的位置，容易被肥皂泡末等弄髒，更應該經常擦拭。

門

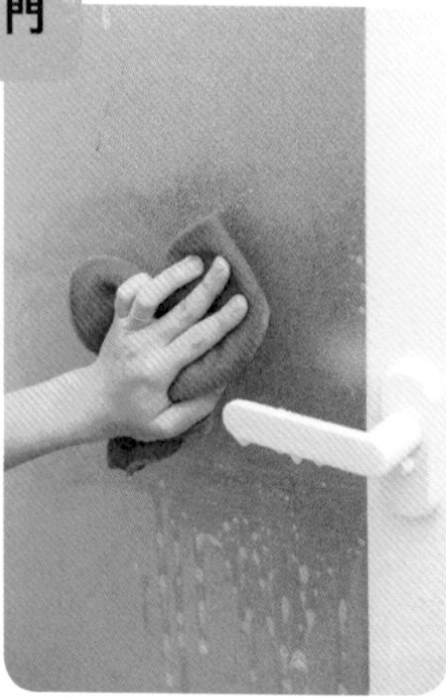

門內側的清潔方式也和牆壁一樣。門把等瑣碎部分與縫隙可利用牙刷清理。

小物品

用熱水沖洗浴室用品置物架、置物櫃，同時以除塵布擦拭。舀水的小木桶和椅子也可趁著方便時一併清洗。

\ Bath room /

洗完澡後去除水氣

浴室的最大敵人就是黴菌、水垢、黏稠物質，為了遠離這三大敵人，洗完澡之後要記得擦乾水珠。就能輕鬆將浴室打理得像飯店浴室一樣乾爽，讓你天天保持好心情。

牆壁

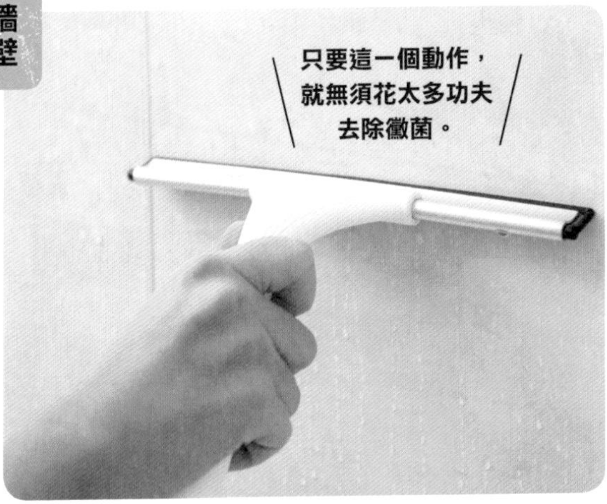
只要這一個動作，
就無須花太多功夫
去除黴菌。

用刮水器由上而下清除整個牆壁的水氣。家人洗澡時，水滴大範圍噴濺的話，還可利用這些水滴清除汙垢！

地板

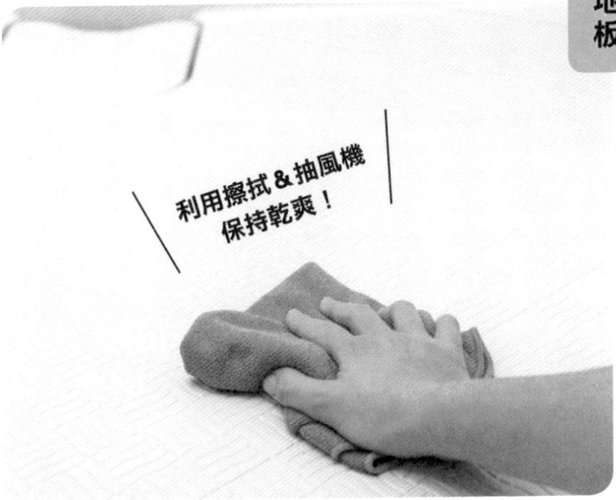
利用擦拭＆抽風機
保持乾爽！

用除塵布擦掉浴室地上的水氣。除塵布吸水→在排水口上擰乾，反覆這個動作數次，只要能夠擦掉80％以上的水分，剩下的就可以靠抽風機自然風乾了。

Bath room

趁著頑強汙垢擴散之前完全封鎖！

在意黴菌、水垢、黏稠物質的話，可在髒汙擴大之前經常打掃。工具和手法當然要簡單，短時間之內就可以做完！

黴菌

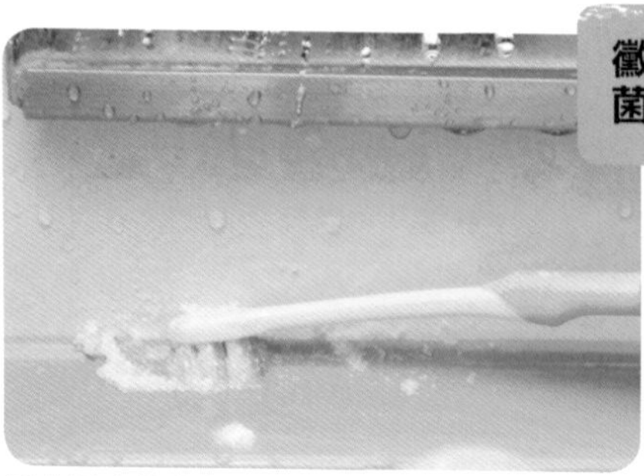

用少量水將含氧漂白劑調成泥狀，沾在牙刷上刷洗。這樣還無法清除的話，讓漂白劑泥靜置一會兒再刷洗掉。

水垢

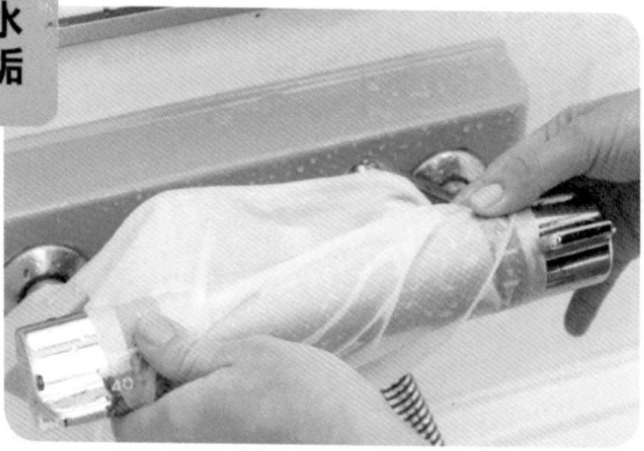

裹上泡過檸檬酸水的廚房紙巾，靜置一會兒後拿掉，或也可再用柔軟的海綿刷洗。

黏稠物質

一到潮溼的季節，凹凸不平的地板上容易產生黏稠物質，因此要經常用刷子刷洗。只靠水無法清除的話，可加上清潔劑。

\ Bath room /

每月一次 清理浴缸加熱器

浴缸加熱器（循環口）蓋子上如果有白色汙垢附著，就是需要清理的提醒。基本上每月清理一次。亦可按照使用市售清潔劑的同樣順序，使用含氧漂白劑清理。

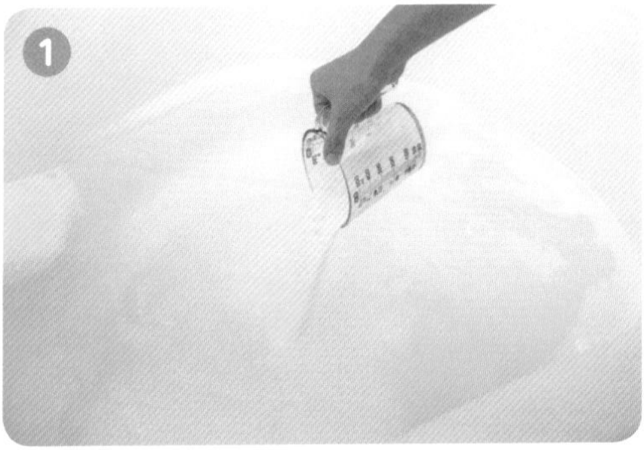

將熱水裝到距離浴缸加熱器（循環口）上方5公分的地方，加入1.5～2杯含氧漂白劑。

浴缸蓋、筒子、椅子等也放進去浸泡，就能夠順便殺菌、漂白。加熱器仍在加熱，浸泡一個小時之後就要放掉熱水。

浴缸蓋、筒子、椅子等也放進去浸泡，就能夠順便殺菌、漂白。加熱器仍在加熱，浸泡一個小時之後就要放掉熱水。

盥洗室

只要早上洗臉、洗完衣服之後「順手打掃」，就能夠擁有光亮乾淨的空間。

盥洗室與廚房同樣是家事的重點區域，也是容易弄髒的地方，只要趁著早上洗臉、洗完衣服之後「順手打掃」，就能夠毫不費力的維持乾淨。如果累積的汙垢只有一天份，只要短短幾分鐘就能打掃完畢。

每月一次

- 清潔洗衣機
- 清潔防水板與洗衣機排水口

早上洗完臉後

- 洗手台
- 浴室門（外側）

洗完衣服後

- 洗衣籃
- 地板

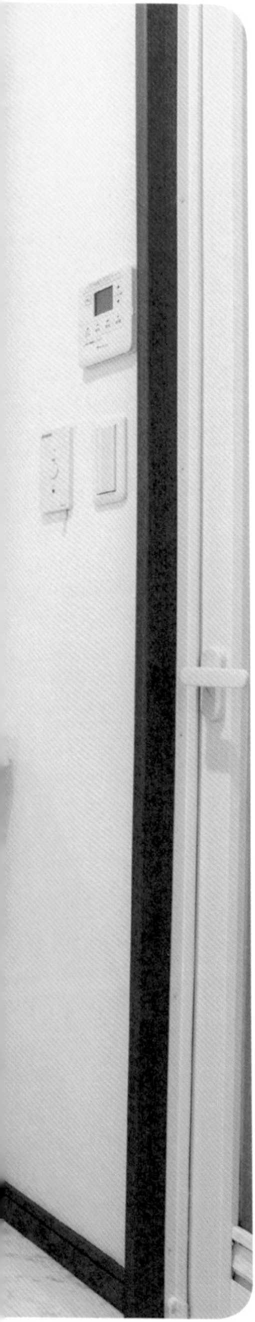

\ Washroom /

洗手台的清潔順序

準備一塊玻璃專用的除塵布，從刷洗到擦乾，一塊包辦。

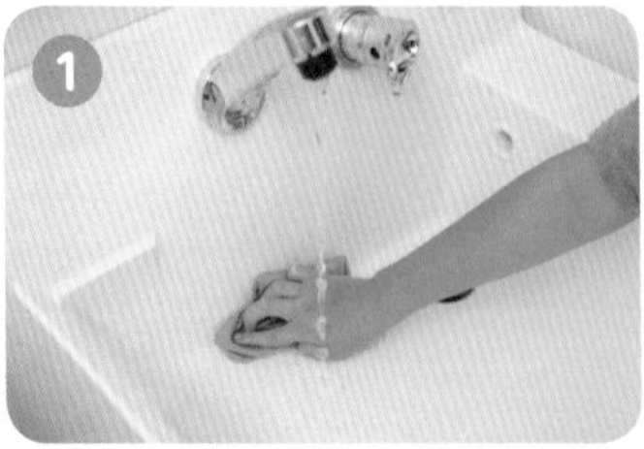

水龍頭打開細小水流，一邊沾溼除塵布，一邊擦洗整個洗手台水槽。

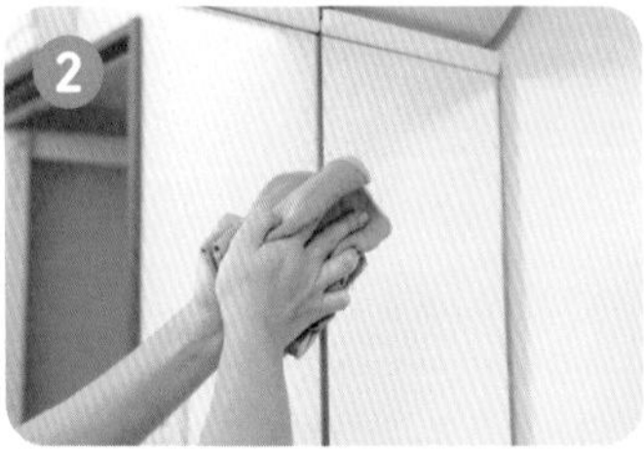

擰乾除塵布擦拭鏡子。

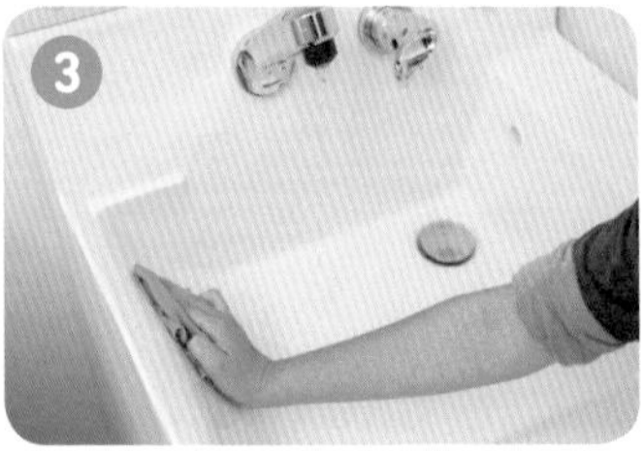

再以除塵布擦乾水龍頭、洗手台水槽四周噴濺的水珠。

順便清潔浴室的門

用手指壓著除塵布，對準門外框的膠條，從上到下咻地擦過去。

下方的外框也以同樣方式擦拭。

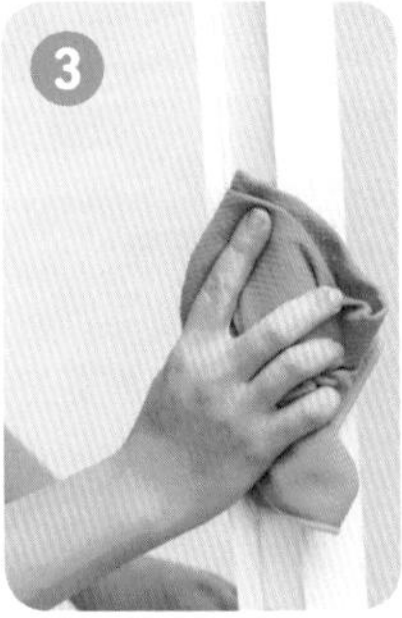

擦拭門的側面。

地面的清潔順序

早上用完洗衣機之後，拿一塊廢布或是廚房紙巾，從洗衣籃擦到地板。

擦掉洗衣籃裡的線頭和碎屑。

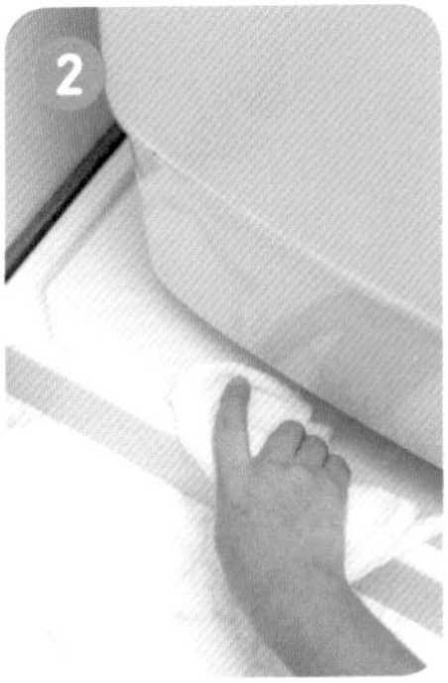

擦拭手能夠搆到範圍內的防水板，擦掉垃圾和毛髮。

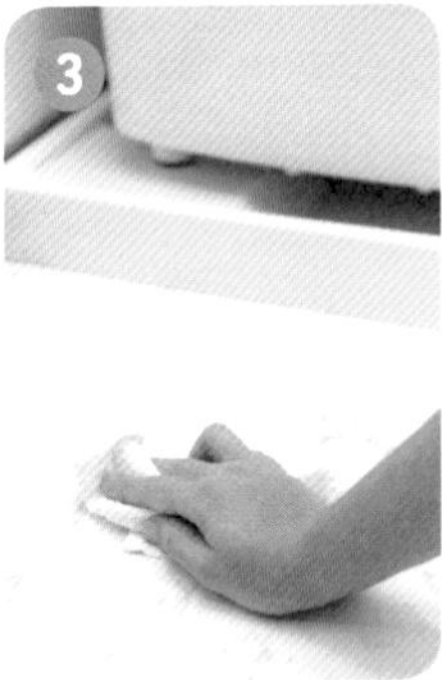

擦拭整個地板。

保持乾淨的訣竅

浴墊只在洗澡時鋪上。

盥洗室是吸收溼氣的頭髮、灰塵、碎屑等容易堆積的地方。浴墊一直鋪著不收的話，不僅容易孳生黴菌，也容易沾附各種垃圾，阻礙打掃、清洗。毛巾材質的薄浴墊只在洗澡時鋪上，並且每天和浴巾一起清洗。另外，地板上應該要盡量避免放東西，所以不要擺放垃圾桶，而製造出來的垃圾，全部拿到全家共用的大型垃圾桶丟棄。

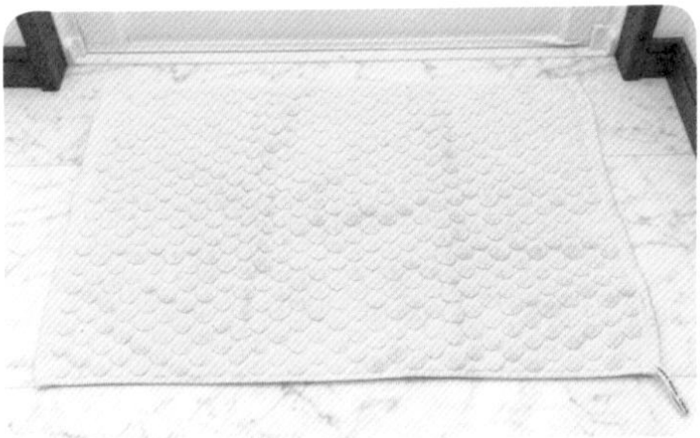

\ Washroom /

清潔洗衣機、洗衣槽

每月一次以含氧漂白劑清洗。浸泡靜置需要花上6～12小時，因此最好選在不使用洗衣機的夜晚進行。

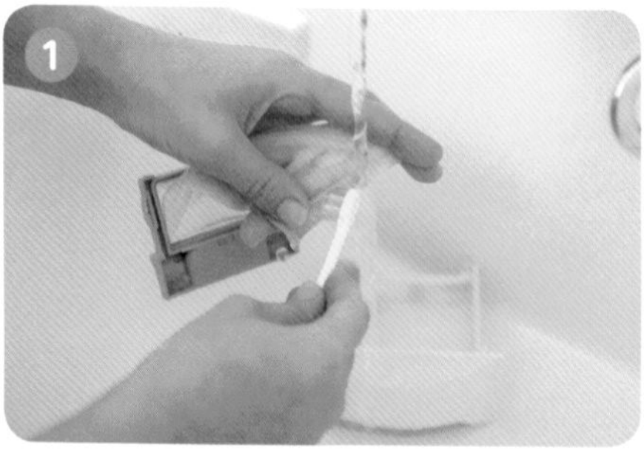

1 注入洗衣精或洗衣粉的容器、濾網拆下來清洗。小地方的汙垢可用牙刷刷掉。

2 裝入浴缸剩下的熱水（約40℃），加入1.5～2杯的含氧漂白劑，按下面板上的「槽洗淨模式」模式。

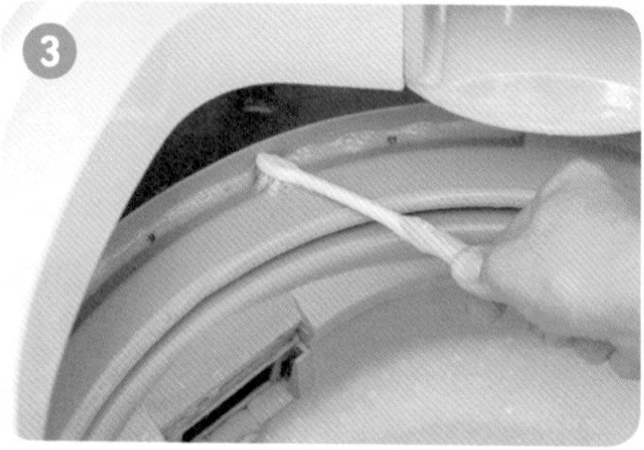

3 一會兒之後按下暫停，開始靜置。這段時間可用牙刷刷洗洗衣槽邊緣等，手能夠搆到的地方。

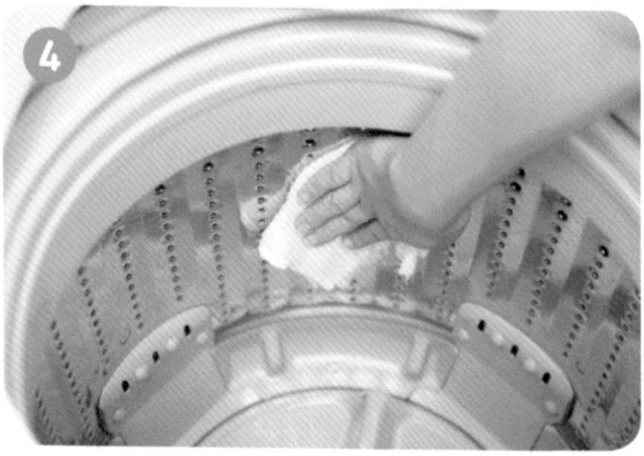

4 「槽洗淨模式」結束後，用廢布將浮上來的汙垢和垃圾擦乾淨。

清潔防水板、洗衣機排水口

每月一次，將洗衣機搬開，清理底下的防水板和排水口，才能避免異味、黴菌、黏稠物質等頑強汙垢沾附。

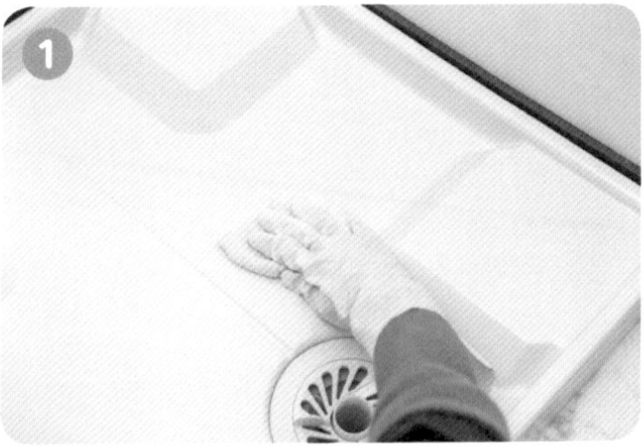

拔掉電源線，抬起洗衣機搬開，太重的話可以找人幫忙，抽掉連接排水口的排水管，用廢布擦拭防水板。

拆下排水口的零件。為了方便等一下恢復原狀，最好記住拆下時的順序。

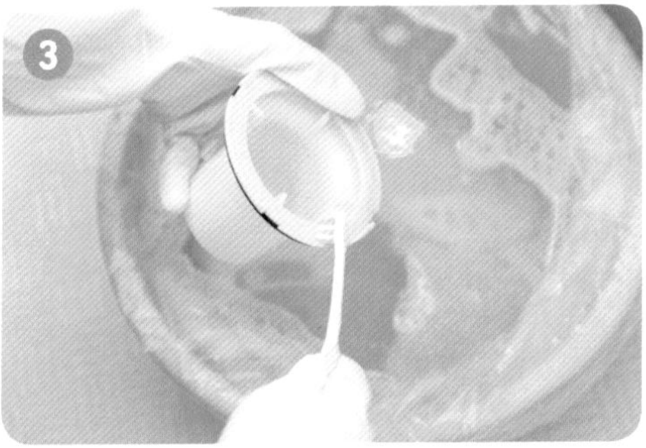

拆下來的零件用溶解含氧漂白劑的熱水浸泡靜置後，再以牙刷刷洗。沖乾淨之後，裝回原來的地方，接上洗衣機的排水管，將洗衣機放回原位，就完成了。

和室

利用魔撢和吸塵器，就能快速清理灰塵，變成讓人身心放鬆的乾淨空間。

Japanese Room

清除紙拉門的灰塵

遵守「順時鐘方向由上而下」的原則，從左邊紙拉門的頂部開始清除灰塵。使用魔撢，灰塵就不會到處飛舞。

Japanese Room

有時要拆下來清理

紙拉門很輕巧，而且拆卸簡單，所以角落和隱藏在軌道底下的部分，也能夠輕鬆打掃。

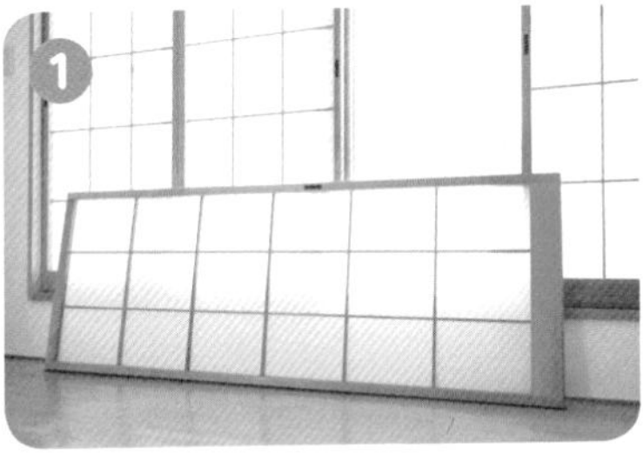

用雙手支撐拉門兩邊，往上一舉就拆下來了。將拉門打橫放置較容易清理。

用乾廢布擦掉底下累積的灰塵。

軌道角落的灰塵也別忘了清理。

Japanese Room

用吸塵器清理榻榻米時，以螺旋狀方式移動

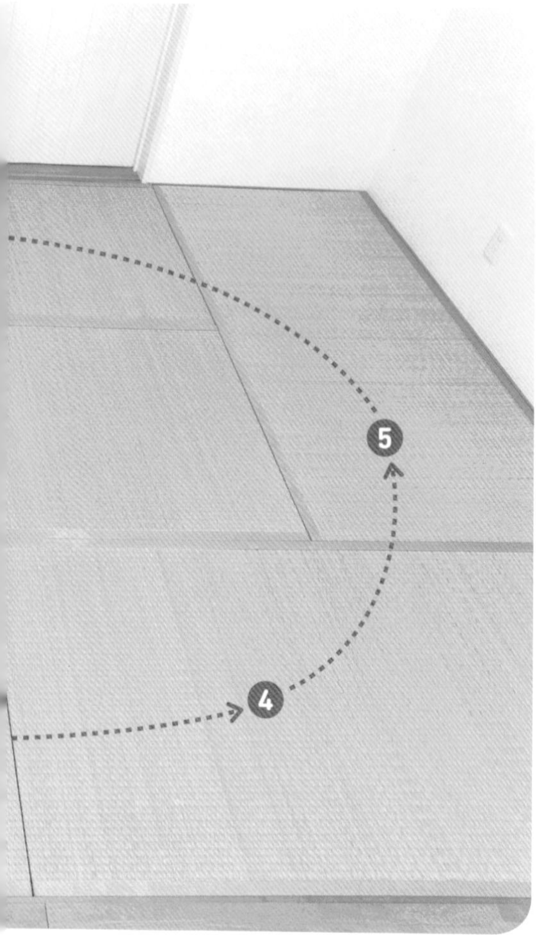

上圖是以7.5塊榻榻米為例。基本上無論幾塊榻榻米，打掃原則都一樣。

榻榻米打掃的基本原則是「順著紋路進行」（注：意思是吸塵器的推進方向必須與榻榻米表面上一根根的紋路平行，不可以垂直）。使用吸塵器時，從外側角落開始一塊塊清理，並且逐漸往中央畫圈前進，就能夠將每個角落也清理得乾乾淨淨。事先想好吸塵器的移動路線，也有助於縮短清理時間。

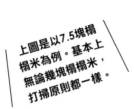

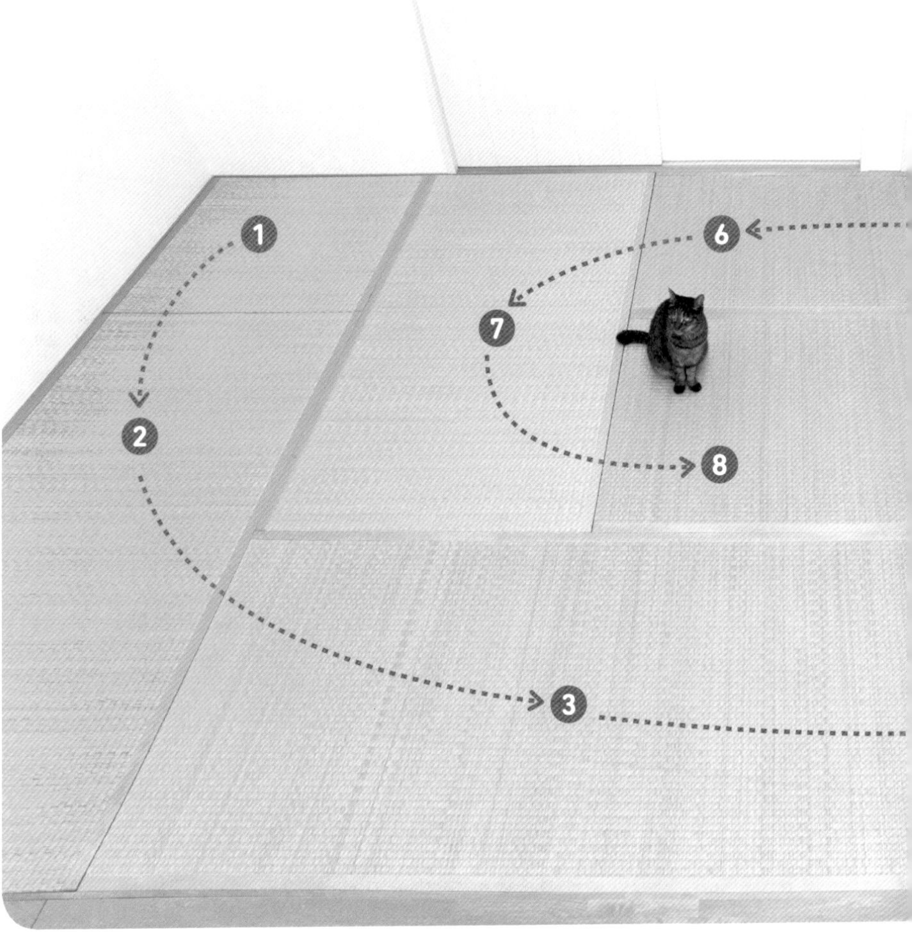

Japanese Room

偶爾用熱水擦拭

用熱水擦過之後，
再用擰乾的除塵布擦過一遍，
就能夠變得清爽乾淨。
趁著大太陽的早上，
一邊通風一邊進行吧！

玄關

玄關是屋子的門面！站在客人的角度整理，就會變得乾淨美觀。

從門的方向看進來，確認髒亂程度。

玄關是決定這個家給人第一印象的場所。從客人的角度重新審視打掃重點的話，較能夠發現經常忽略的垃圾，以及鏡子灰矇矇的汙垢。這裡也是我家早晨例行打掃的終點。

早上
Morning

\ Entrance /

清掃玄關入口的垃圾

早上收起擺在玄關入口的鞋子，
順便清掃垃圾。
再用除塵布
把鏡子和鞋櫃的門擦得晶亮。

\ Entrance /

鞋子噴上除臭噴霧

晚上
Night

當天穿過的鞋子噴上除臭噴霧，
放置一晚晾乾，
就能夠防止悶熱和異味。

消除異味
也是玄關清潔
的工作之一。

窗戶

室外和室內的骯髒程度不同，因此打掃時機及準備的工具也不同

Window

內側是每天

內側的髒汙主要來自手垢。列入每天的例行打掃清單，就能夠常保乾淨。

拿玻璃專用除塵布快速溼擦。

Window

外側是方便的時候

外側的髒汙主要來自沙塵和泥土。在外面打掃時，一不小心就會被小孩鎖在室外（我曾經經歷過一次）。另一方面也會擔心貓咪跑出來，所以盡量挑選在方便的時候快速完成。

沒有時間時，就輪到廢布上場！

沒時間的話，可用「簡單版」；有時間時，可用「仔細版」徹底清潔。

仔細版

準備一只裝滿水的水桶和窗戶用刮水器。

用刮水器的海綿纖維部分沾溼表面，讓汙垢浮起。

再用刮水器由上而下刮掉水珠。

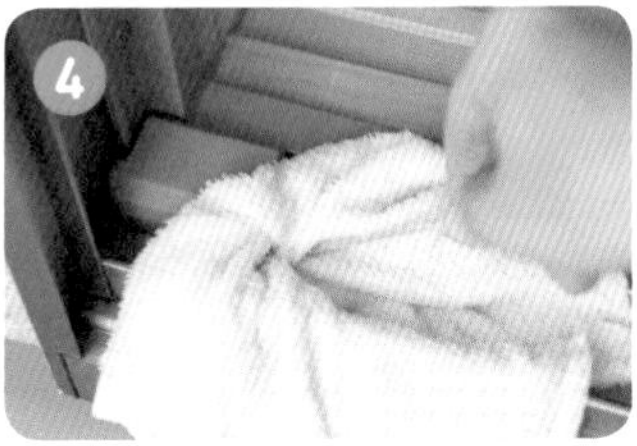

竹籤捲上廢布，徹底清潔窗框的縫隙。

簡單版

準備溼擦和乾擦用的兩種廢布。

將廢布對折，一邊換面一邊擦去汙垢。

確實乾擦，清除水漬。

用過的廢布直接用來擦拭窗框。

\ Window /

無法從室外擦拭的小窗

外頭沒有陽台、無法從室外打掃的小窗，可將窗戶半開，分別從左邊和右邊伸出手清潔。

拿著窗戶用刮水器，從室內伸出手，從左邊和右邊分別清理。

\ Window /

清潔紗窗

清潔紗窗有各種方式，市面上也有許多專用工具，不過採用底下這種方式的話，就可以用家裡現成的東西進行。

1 從外側抵上一塊紙板或較厚的紙張，用吸塵器吸下髒汙。

雙手拿著廢布，夾著紗窗擦拭。

雙手拿著廢布，夾著紗窗擦拭。

陽台

陽台與窗戶外側並列為照顧小孩時最難打掃的場所。
可趁著家人放假的早上，短時間之內快速打掃完畢。

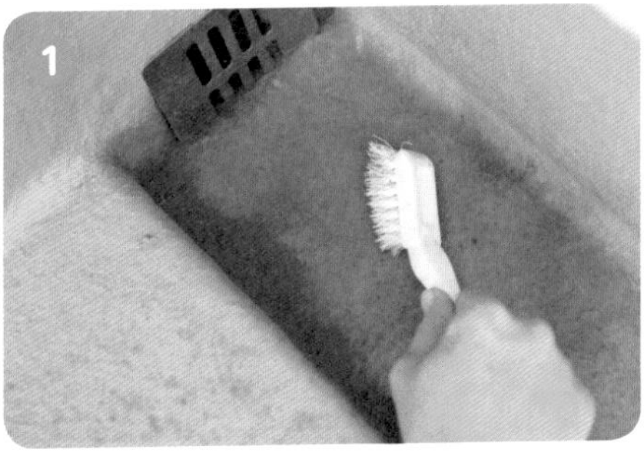
1

沾附在排水溝的汙泥和垃圾，趁著乾燥狀態刷掉。淘汰的鞋刷使用起來最方便。

2

掃掉地上和排水溝的垃圾後，灑水，用長柄刷刷洗。

有些大樓的陽台很可能無法直接用水沖洗。如果有屋簷的話，可利用下雨天的雨水；或是按照插圖示範的方式，就能夠利用少量的水打掃。無法直接用水沖洗的玄關入口處也可用相同方式處理。

① 用沾溼的海綿吸附髒汙……
② 將髒汙送進水桶的水裡。

大掃除行動

把大掃除當成熱鬧的廟會活動！

年底的大掃除對我來說，就像是能夠享受打掃過程的廟會，是與耶誕節一樣開心的活動。

進入十二月開始，我就會一點一點檢討整個家裡的打掃重點，並且帶著參拜神明的心，一邊對家具表示：「今年一年也謝謝你們。」一邊打掃。

大掃除的起點與終點都是代表屋子門面的玄關。從玄關內側開始走過屋子一周，最後在門外結束。有一年是「家電清理大感謝祭」，還有一年是「衛浴、廚房亮晶晶大會」，改變每年主題也是樂趣之一。

鑽進家具底下、拆開用螺絲固定的物品、能夠移動的東西都搬動，平常辦不到的事情只要在時間許可範圍之內，都可以盡情做到底。

打開
收納空間裡的東西
全部拿出來、
抽屜櫥櫃裡頭
全部擦一遍、
東西全部
放回去（P.94），
就會變乾淨！
挪動
爬上去
※留心腳步

當然也必須注意安全，所以我最愛閱讀的刊物成了家電、家具的使用說明書，儘管笨手笨腳，一些棘手的工具也慢慢學會使用。

大掃除的最高潮，就是在變得亮晶晶的屋子門面、玄關門上，掛上新年裝飾品的那一瞬間。就像戴上王冠一樣，以嚴肅的心情掛上裝飾品，最後說一句：「明年也請多多照顧。」這樣猶如進行神聖儀式的時刻正好適合當作廟會的收尾，每年我都期待得不得了。

除了打掃工具之外，還有其他小幫手！

使用說明書

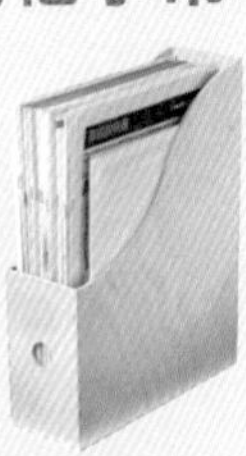

工具組

後記

感謝大家閱讀到最後。

在書中，我介紹自己如何一邊照顧小孩一手拿著抹布打掃的方法，不過就像做菜一樣，打掃也是每家有每家的風格。

「利用這種方式可以更乾淨」、「這樣做就可以更快打掃完畢」……諸如此類的新發現累積下來，我想，你也能夠從中找出一套自家風味……不對，是「自家風格」的打掃方式。

我自己也仍在摸索打掃的可能性，希望將打掃進化成更有樂趣的事情！

目前一般生活風格主流或許是「丟掉不需要的物品，清爽過生活」。但是，我在打掃生活中體會到的是「必須珍惜物品」。這是老祖宗自古以來就不斷告訴我們的道理。

避免增加垃圾及廢物，好好對待身邊的物品，這樣子的生活能夠讓心靈更豐富，養成未來也懂得善待人、動物與大自然的習慣。讓我注意到這一點的不是別人，就是我自己的小小孩和貓咪們。

今後，我仍繼續秉持「與孩子、寵物一同清爽生活」的信念將住家打理好，提供家人愉

快生活，繼續樂在打掃與整理。

最後，我要感謝協助本書出版的各位，以及在製作過程中在背後支持我的丈夫及母親。

然後也要謝謝閱讀本書的讀者們，以及在部落格上替我打氣的網友，如果沒有你們就不會有這本書。由衷感謝大家。

希望各位的家裡也能夠變得更加晶亮，充滿幸福。

2014年2月 東 和泉

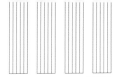

廣　告　回　函
板橋郵政管理局登記證
板 橋 廣 字 第 143 號

郵資已付　免貼郵票

23141
新北市新店區民權路108-2號9樓
野人文化股份有限公司 收

請沿線撕下對折寄回

野人家 135

野人文化讀者回函卡

書　名

姓　名　　　　　　　　　　　　□女　□男　　年齡

地　址

電　話　　　　　　　　　　　　手機

Email

□同意　□不同意　　收到野人文化新書電子報

學　歷　□國中(含以下)　□高中職　□大專　□研究所以上

職　業　□生產/製造　□金融/商業　□傳播/廣告　□軍警/公務員
□教育/文化　□旅遊/運輸　□醫療/保健　□仲介/服務
□學生　□自由/家管　□其他

◆你從何處知道此書？
□書店：名稱＿＿＿＿＿＿　□網路：名稱＿＿＿＿＿＿
□量販店：名稱＿＿＿＿＿＿　□其他＿＿＿＿＿＿

◆你以何種方式購買本書？
□誠品書店　□誠品網路書店　□金石堂書店　□金石堂網路書店
□博客來網路書店　□其他＿＿＿＿＿＿

◆你的閱讀習慣：
□親子教養　□文學　□翻譯小說　□日文小說　□華文小說　□藝術設計
□人文社科　□自然科學　□商業理財　□宗教哲學　□心理勵志
□休閒生活（旅遊、瘦身、美容、園藝等）　□手工藝／DIY　□飲食／食譜
□健康養生　□兩性　□圖文書／漫畫　□其他＿＿＿＿＿＿

◆你對本書的評價：（請填代號，1. 非常滿意　2. 滿意　3. 尚可　4. 待改進）
書名＿＿＿＿　封面設計＿＿＿＿　版面編排＿＿＿＿　印刷＿＿＿＿　內容
整體評價＿＿＿＿＿＿

◆你對本書的建議：

野人

野人文化部落格 http://yeren.pixnet.net/blog
野人文化粉絲專頁 http://www.facebook.com/yerenpublish